Art of Hair Color

머리말

현대사회는 자신의 이미지를 최대한 장점으로 활용할 뿐만 아니라 보편적인 미적 추구가 일반화되고 있는 추세로 헤어스타일의 다양한 연출은 다른 패션트렌드와 함께 개인의 이미지 창출에 지대한 역할을 하게 되었다.

또한 미용을 공부하는 대학생들에게도 아름다움의 연출을 위한 창의적인 기술개발능력의 향상이 무엇보다도 필요할 것이며, 학교 교육은 미용산업체의 주문에 의한 학생들의 현장적응능력 향상에 주력해야 할 것이다.

이에 헤어스타일을 디자인함에 있어 모발에 입체감을 주고 색감에 의한 이미지의 감성을 갖게 하는 헤어컬러의 중요성을 인지하고 색채에 대한 이해를 통해 헤어트렌드를 이끌어갈 수 있는 창작자로서의 헤어디자이너 양성에 한 발 다가설 수 있게 하기 위하여 본서를 출간하게 되었다.

이 책의 구성은 다음과 같다.

1장에서는 일반적인 모발에 대한 이해를 다루었으며, 2장에서는 다양한 헤어컬러의 변화를 위한 색채의 이해, 3장에서는 모발 염 · 탈색의 기초이론과 역사, 4장에서는 모발 염 · 탈색 실습을 위한 기초와 응용 테크닉들을 다루었다.

가능한 짧은 시간내에 이론과 실제적인 테크닉을 익힐 수 있도록 간결하고 짜임새있게 구성해 보았다. 최선을 다하였으나 정리를 끝내고 보니 아직 미흡한 부분들이 많음을 절감한다. 이러한 점들은 앞으로 여러분들의 지도편달을 받아 수정 · 보완해 나갈것을 다짐하며 각별한 관심과 사랑을 고대해 본다.

미래의 우리 젊은 미용인들이 기술경쟁력을 갖도록 하는데 이 작은 책자가 도움이 되었으면 하는 바램과 함께 본서가 출판될 수 있도록 도움을 주신 청구문화사 이상태 사장님과 직원 여러분들께 진심으로 감사를 드리는 바이다.

저자 일동

Contents

Ⅰ. 모발의 이해 ▷ 7

Ⅱ. 색채의 이해 ▷ 31

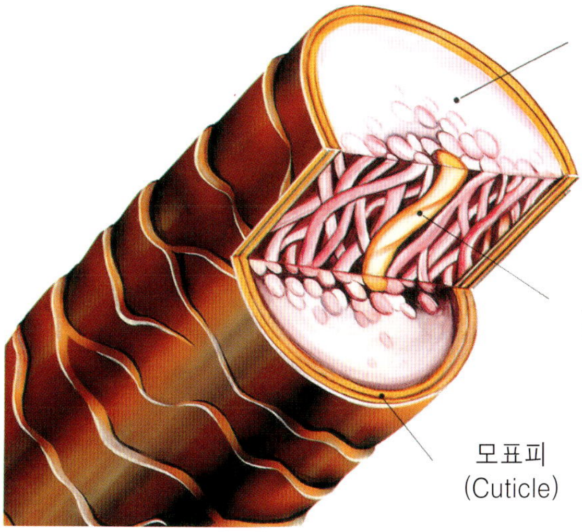

그림 1-7 모간부의 구조

② **모피질(Cortex)**

머리카락 한 올의 85~90%를 차지하고 있는 세포층으로 멜라닌색소를 많이 함유하고 있으며 친수성이고 펌제나 염모제 등 화학약품의 작용을 받기 쉽다. 모발의 길이 방향으로 비교적 불규칙적으로 나열되어 있는 피질세포와 세포간 결합물질로 구성되어 있다. 중앙에 핵의 잔사가 있고, 세포막은 거의 소멸되어 있으며 세포와 세포 사이는 섬유상 케라틴으로 서로 강하게 연결되어 있다. 모발의 성질을 나타내는 가장 중요한 부분으로 탄력, 강도, 감촉, 질감, 색상을 좌우한다.

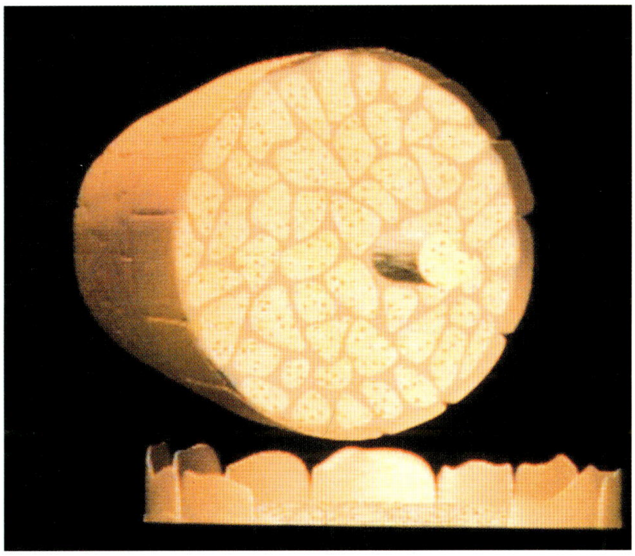

그림1-8 모피질의 내부구조

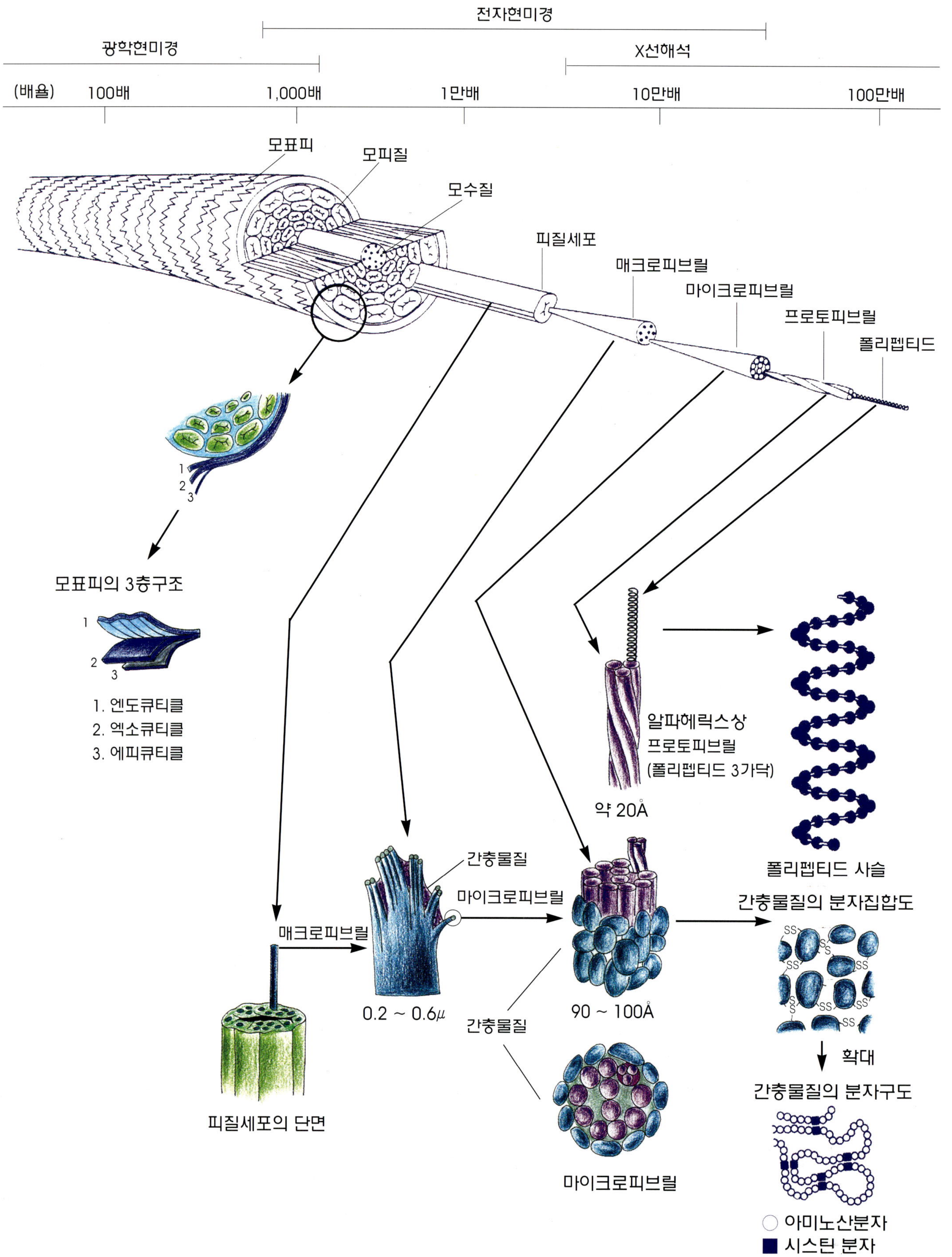

그림1-9 모발의 미세구조

* 모발구조의 기본단위는 자연상태의 α- 헤릭스이다(α 케라틴 폴리펩티드 사슬).
* α-헤릭스 사슬이 고도로 감긴 3가닥 꼬기 루프를 형성하게 되는데 이것을 원섬유(Protofibril)라고 한다. α헤릭스의 폴리펩티드 사슬의 3가닥 꼬기 배열은 시스틴 잔기에 인접한 폴리펩티드 사슬 사이에 주어진 공유성 교차결합으로 서로 강하게 연결되어 있다.
* 원섬유 11가닥이 모여 미세섬유(Microfibril)을 형성한다.
* 미세섬유는 모여서 거대섬유(Macrofibril)을 형성하게 된다. 모발섬유의 직경은 0.2㎛~0.6㎛인 케라틴섬유로 되어 있고 세포가 장축 방향으로 배열되어 있다.

③ 모수질(medulla)

모발의 중심부에 있으며 속이 비어 있고 죽어 있는 세포들이 모발의 길이 방향으로 쌓여 있다. 수질 세포는 핵의 잔사인 둥근 점들을 간혹 포함하고 있는 불규칙적인 다각형의 세포들의 형상을 띤다.

한랭지 서식의 동물에는 털의 약 50%를 차지하여 보온의 역할을 하지만 머리카락의 경우, 가는 모발과 갓난아이의 모발에는 거의 수질이 없는 것으로 보이며 솜털에는 모수질이 없다.

4. 모발의 구성 성분

1) 케라틴 단백질(Keratin protein)

모발의 80~90%가 케라틴이라는 단백질로 구성되어 있다. 20여종의 아미노산이 무수한 조합으로 결합하여 여러 종류의 단백질이 만들어지는데 케라틴은 18종의 아미노산으로 구성되어 있다. 특히 시스틴을 많이 함유하고 있으며 아미노산이 펩티드(peptide) 결합이 되어 폴리펩티드(polypeptide)가 되고 이 폴리펩티드가 연결되어 케라틴으로 된다.

따라서 모발의 생장에 있어 가장 중요한 것은 아미노산으로 식물성 단백질과 동물성 단백질의 섭취가 필요하며 모발의 생장에는 비타민과 미네랄 등의 영양소도 필요하므로 균형 있고 조화로운 양분 섭취가 필수적이다.

2) 시스틴 아미노산(Cystine amino-acid)

모발 중에 함유되어 있는 아미노산 가운데 가장 많은 비율을 차지하고(16%) 있으며 두개의 시스테인(Cysteine) 아미노산이 황(S)을 중심으로 결합하여 시스틴 아미노산이 된다. 모발에 강도와 탄력성을 부여한다.

3) 기타 성분

멜라닌 색소, 지질, 미량원소, 수분 등이 미량으로 존재한다.

5. 멜라닌 색소(melanin pigments)

모발은 인종과 개인에 따라 그 색상이 다르지만 각기 다른 색상의 색소가 있는 것은 아니다. 두 종류의 멜라닌 색소 즉, 짙은 색소인 유멜라닌(eumelanin)과 밝은 색소인 페오멜라닌(pheomelanin)의 수와 색소 크기의 합성에 따라 다양한 피부와 모발의 색상을 갖게 된다.

더불어 모표피는 반투명하기 때문에 피질 속의 색소에 의해 우리의 눈은 모발 색을 인지할 수 있게 되므로 멜라닌 색소의 과립이 많으면 빛을 흡수하여 검게 보이게 되고 색소가 거의 없으면 빛이 반사되어 희게 보인다.

1) 멜라닌 색소의 형성

뇌하수체에서 색소세포자극호르몬이 분비되면 모모세포 상부에 존재하는 색소형성세포인 멜라노사이트에 있는 아미노산의 일종인 티로신(Tyrosine)이 티로시나아제(Tyrosinase)라는 효소에 의해 산화 · 중합반응을 거쳐 도파(dihydroxyphenylalanine=DOPA), 도파퀴논(Dopaquinone)이 되어 유멜라닌 색소를 형성하게 된다. 이렇게 형성된 멜라닌 과립은 돌기부위를 통해 피질층에 있는 모모세포 층으로 방출이 되어 모발이 각화되기 전에 모피질세포 내로 들어가 모발의 색을 결정하게 되고 모발의 성장과 함께 차츰 상부로 이동하게 된다.

페오멜라닌의 합성도 처음에는 유멜라닌과 같은 작용으로 시작되지만 도파퀴논에서 그 반응이 시스테인 도파쪽과 활성화 되면서 페오멜라닌이 생성된다.

이러한 기전에 의해 인종별, 개인별로 유멜라닌 또는 페오멜라닌 중 어느 것이 더 많이 만들어질지는 유전적 요인에 의해 조절되지만 그 정확한 기전은 밝혀지지 않았다.

그림 1-10 모발의 색

이러한 일련의 과정에서 어떤 원인에 의해 멜라노사이트의 기능이 저하되어 멜라닌의 생성이 억제되거나 모발 내에 고루 분포되지 못하면 부분적으로 흰머리가 생기게 되거나 색소세포가 완전히 파괴되어 백발이 된다.

자외선을 포함한 태양광선은 색소세포자극호르몬이나 효소의 기능을 활성화시켜 멜라닌 생성을 촉진하게 되므로 자외선이 강한 여름철에 특히 기미나 주근깨가 짙어지는 원인이 된다. 또한 태양광선은 모발의 멜라닌 색소를 자연 산화시켜 모발을 퇴색시키고 케라틴을 파괴하여 모발을 손상시키기도 한다.

2) 멜라닌 색소의 종류

(1) 유멜라닌(Eumelanine)

주로 갈색이나 검은색을 나타내는 과립형 색소로 짙은 모발색을 갖고 있는 황인종이나 흑인종의 피부나 모발에 많이 들어 있다.

크기는 0.8㎛~1.2㎛이고 두께는 0.3㎛~0.4㎛ 정도의 과립형태로 물에 용해되지 않으며 복잡한 화학반응을 거쳐 생성된다.

화학적인 처리(염색, 퍼머넨트 웨이빙, 스트레이트 등)를 할 경우 활성 산소의 공격을 가장 먼저 받아 모발의 색상이 산화되어 모발에 영향을 미친다.

(2) 페오멜라닌(Pheomelanin)

노란색이나 붉은색을 나타내는 분사형 색소로서 주로 밝은 모발색을 갖고 있는 백인종의 피부나 모발의 색을 결정해 준다.

색소 미립자의 크기는 유멜라닌에 비해 훨씬 작고 미세한 타원형으로 양도 많지 않으며 화학처리 시에도 잘 깨어지지 않는다.

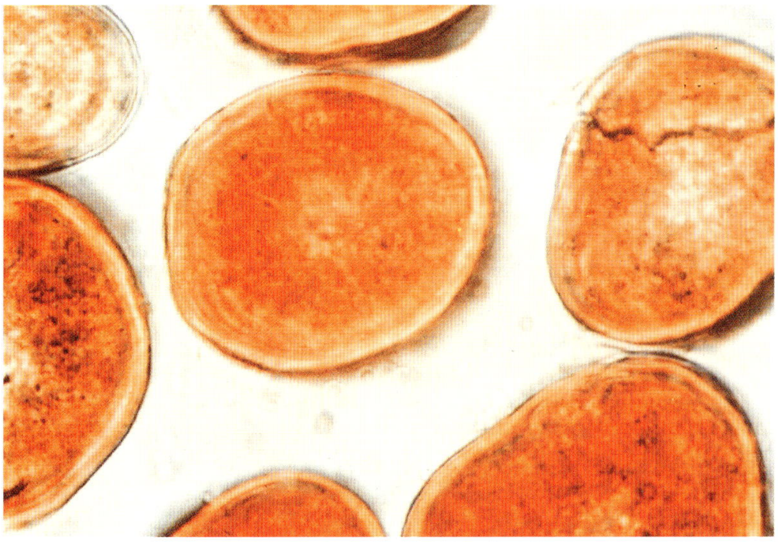

그림 1-11 멜라닌 색소

3) 멜라닌 색소의 분포

피부색을 결정하는 멜라노사이트는 표피의 기저층에 주로 분포되어 있고 모발의 경우에는 모구의 모모세포 주위에 주로 분포되면서 모발의 색을 결정짓는다.

피부에서의 멜라닌 색소는 표피의 기저층에 존재하는 멜라노사이트에서 자외선에 의해 자극을 받아 멜라닌 색소를 생성한다. 이때 생성된 멜라닌은 거의 표피를 따라 각질층에서 각질과 함께 탈락하고 일부는 피부내로 흡수되어 소변으로 배출된다.

모발의 경우에는 모구의 모모세포들 사이에 분포되어 있는 멜라노사이트가 산화중합을 거치면서 멜라닌을 생성시켜 모발의 생장과 함께 점점 모간을 따라 올라가면서 모피질 속에 멜라닌을 분포시킨다.

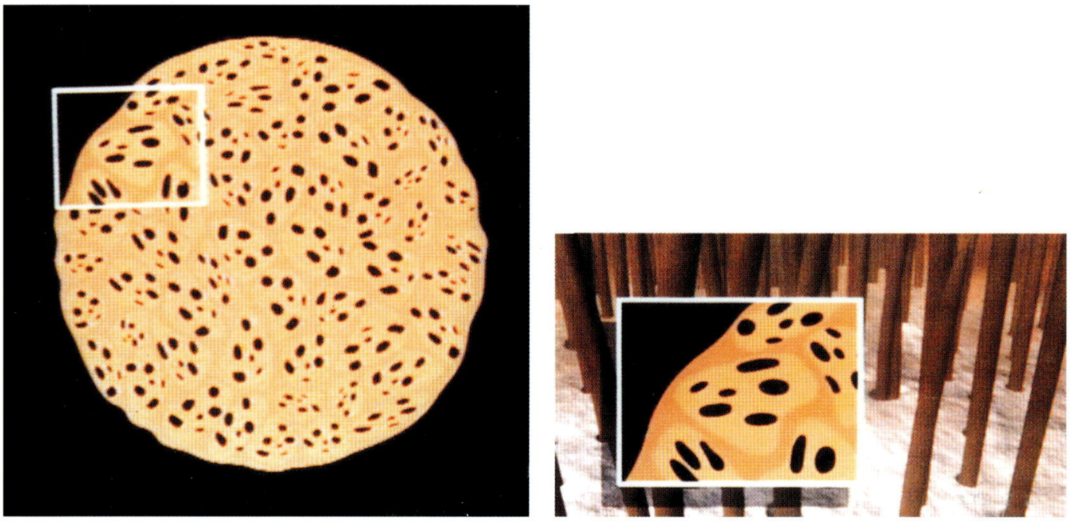

그림 1-12 모피질 내부의 멜라닌 색소

4) 멜라닌 색소의 역할

멜라닌 색소는 태양광선을 비롯한 여러 가지 외부 요인으로부터 피부와 모발을 보호하는 기능을 갖고 있으며 체내에서 생체대사 결과로 생긴 유해 활성산소(Free-radical)을 없애주는 역할도 하고 있다.

또한 두피를 자외선으로부터 보호하는 중요한 역할을 하기 때문에 일광이 따가운 적도 지방의 인종은 흑발이 많은 반면 일광이 적은 고위도 지방에는 옅은 색의 모발을 가진 사람이 많다.

5) 멜라닌과 모발염색

모발의 색이 짙거나 밝거나 입자형 색소와 분사형 색소 두가지를 모두 가지고 있는데 두 유형의 멜라닌이 하나의 멜라닌 미립자안에 있으면 혼합멜라닌이라고 한다.

모발색을 결정하는 것은 모피질내에 분포되어 있는 상대 비율과 전체적인 멜라닌의 양과 유형에 따라 모발이 흑색일지 갈색일지, 금발 또는 적색모일지가 결정되며 밝기가 달라진다. 이 자연색소의 컬러는 염색 할 때 바탕색상(under coat)으로 새로운 색상에 영향을 미친다.

표 3-1 인종에 따른 모발의 색과 멜라닌과의 관계모발의 색

모발의 색	유멜라닌	페오멜라닌
흑색	형태가 크고 수도 많음	미량
갈색	형태와 수가 중간	적음
적색	형태가 작고 수도 적음	중간
금색	미량	많음

6. 모발의 물리적 특성

1) 강도(g)

섬유세포, 간충물질, 모표피의 두께 차이에 따라 결정되며 모발을 잡아 당겨 끊어질 때까지 견디는 힘이다. 정상모발의 강도는 150g 정도이다.

2) 신장(%)과 탄성

모발을 잡아당겼다가 다시 놓으면 늘어났다가 다시 제자리로 돌아가는 탄성이 있는데 이 탄성은 모발이 젖었을 때 증가한다. 케라틴이 코일모양의 스프링 구조로 되어 있기 때문에 생기는 현상으로 너무 세게 늘려서 한계에 도달하면 제자리로 돌아갈 능력을 잃어버린다. 보통 상온상습(25℃/65%)에서의 신장율은 5% 전 · 후이고 모발은 50~70%까지 신장이 가능하다.

탄력이 있는 모발은 웨이브가 형성되기는 어려워도 한번 형성되면 그 유지력이 오래가지만 탄력이 없는 손상모는 웨이브가 쉽게 형성되고 유지하는 힘이 약해서 빨리 풀어진다.

모발의 굵기, 선천적 특성, 영양상태 등의 여러 원인에 따라 차이를 나타낸다.

3) 직경의 크기

모발의 직경은 보통 0.05~0.15mm 정도 인데 동양인은 서양인에 비해 직경이 크고 물기를 흡수하면 모발이 팽창되어 더 많이 두꺼워진다.

모발의 두께는 염색 결과 색상이 다르게 나타나는 요인이 되기도 한다. 그 이유는 같은 양의 인공색소가 넓은 장소에 분포되어 있는 것과 좁은 장소에 분포되어 있는 것과의 차이이다.

직경이 크면 모표피의 두께도 두텁고 모발의 보호기능이 좋아지므로 약액의 침투성이 나빠지므로 모발 염 · 탈색이나 퍼머넨트웨이빙 시 모표피의 두께에 주의하여야 한다.

4) 흡수성(%)

모발은 친수성을 가지고 있기 때문에 수분을 흡수하는 성질이 크고 일반적으로 10~15%의 수분을 함유하고 있다. 샴푸 직후에는 약 30% 정도의 수분을 함유하고 있으며 모발손상이 심해질수록 흡수성도 증가한다.

수분의 함유는 모발에 탄력성과 촉촉함을 주지만 세팅이나 블로우 드라이 이후에 지나친 수분이 닿으면 형태가 흐트러지므로 이를 유지하기 위해 세팅로션이나 스프레이 등을 사용하여 고정시켜 주어야 한다.

▶ **흡수성모발** : 물을 분사하면 바로 스며든다.
발수성모발 : 물을 분사하면 물방울이 모발에 맺히고 굴러 떨어진다.

5) 유지 흡수율

모발의 유지 흡수율은 물 흡수율에 비해 적으며 헤어 트리트먼트의 경우 향장품을 모발내부(cortex)에 침투시키는 것으로 이 경우는 모피질의 친수성을 이용해 O/W형의 향장품을 사용하고, 모표피를 대상으로 할 경우는 모표피의 친유성을 이용해 W/O형의 향장품을 사용하는 것이 바람직하다.

6) 팽윤성

모발이 수분을 흡수하여 체적이 증가하는 현상을 말한다.

모발을 물에 적셔두면 길이는 1~2% 정도 길어지고, 두께는 12~15% 정도 커지며 중량은 30~ 40% 증가한다. 중량의 증가율은 체적의 증가율과는 일치하지 않으며 중량증가율을 팽윤도라 한다. 염류, 산, 알칼리 등의 수용액에 의해 팽윤도는 달라진다.

▶ **유한팽윤** : 모발처럼 한계에 도달하면 더 이상 팽윤이 진행되지 않는 경우이다.
무한팽윤 : 케라틴처럼 한계에 도달하면 최후에는 용액이 되어버리는 경우이다.

퍼머넨트 웨이브나 염. 탈색 시술을 하는 경우 모발을 팽윤시켜 모표피층을 넓게 하여 약품 침투를 용이하게 하기 위하여 대개 알칼리제를 사용한다. 1차 시술시보다 2차 시술시에 팽윤도가 더욱 증가하게 되는데 이는 2차 시술 후에 과도한 모발의 팽윤으로 모발손상 정도가 더욱 커짐을 짐작할 수 있게 한다.

표 3-2 미용시술 종류와 모발 팽윤도는 표와 같다.

시술종류 / 팽윤도	퍼머넨트 웨이브 시술 후 팽윤도(%)	탈색 시술 후 팽윤도(%)
제1차 팽윤도(자연모)	28.6	28.6
제2차 팽윤도(미용시술 처리모)	32.2	35.4

7) 다공성

모표피 등의 비늘(scales)이 손상되거나 열려 있을 경우 다공성이 증가하며 수분을 흡수할 수 있는 능력도 커진다.

염모제나 펌제의 침투를 위해서 모발의 다공성을 이용하는데 모발 전체에 다공성이 고르지 않으면 색소들이 고르지 않은 색상을 나타내며, 퍼머넨트 웨이브시 일정한 컬이 형성될 수 없다. 그러므로 모발 염 · 탈색 등의 미용시술 전에 반드시 전처리로 단백질 앰플 등의 케어제를 도포하여 표피층을 균일하게 해 줄 필요가 있다.

8) 열변성 및 광변성

모발은 단백질이기 때문에 높은 열이나 빛에 의해 색과 구조가 변화되는데 건조한 상태보다는 습도가 높은 상태에서 변성이 쉽게 일어난다.

퍼머넨트웨이브와 염색 지속기간이 단축되는 원인으로 태양광선 중 특히 자외선에 의한 케라틴 변성과 색소의 산화에 의한 퇴색이 있다.

9) 모발의 정전기

모발은 양극성을 띤 케라틴이라는 단백질로 단단하기 때문에 마찰전기를 일으키기 쉽다. 같은 극을 갖고 있는 머리카락은 서로 반발하고 + 전기를 가진 모발과 - 전기를 가진 브러쉬는 서로 끌어 당기는 현상이 생기는데 이것을 대전성이라고 한다.

플라스틱 빗으로 머리를 빗으면 마찰에 의해 모발은 빗의 이동에 따라 정전기를 띠게 된다. 이러한 모발의 정전기는 머리카락 표면이 피지나 두발제품에 의한 지방막으로 덮여 있거나 주변의 습도가 높을 때, 또는 젖어 있을 때 사라진다.

10) 모발의 조형성

세팅, 퍼머넨트웨이빙, 블로우 드라이 등의 미용 원리에서 알 수 있듯이 모발에 직접적인 파상을 만들면 주어진 형태가 보존된다.

11) 표면성

머리카락 전체의 표면 넓이는 약 4~6㎡정도이고 물에 완전히 적시기가 어려우므로 미용시술이 행해지기 전에는 반드시 샴푸가 선행되어야 한다.

12) 마찰성과 비부패성

모표피가 비늘 모양으로 겹쳐져 있는 데에서 기인하며 마찰계수는 모선에서 모근쪽이 모근에서 모선쪽으로 쓸어 내릴 때 보다 더 높다.

또한 모발은 부패되지 않아 사망 후에도 파손되지 않고 남아 있다.

13) 모발의 견고성

모발은 모든 기계적인 요인들에 대하여 매우 견고하며 모발을 끊기 위해서는 상당한 힘이 필요한데 성장기 머리카락 한 올을 뽑는데 드는 힘은 약 50~80g 정도가 필요하다. 모발의 파열량은 나이, 인종에 따라 다양하며 미용시술시 화학 제품의 작용 후에 감소한다.

7. 모발의 화학적 특성

1) 아미노산

아미노산의 공통구조는 아미노기(NH_2), 카르복실기(COOH), 수소(H), 잔기(Residue) 등이며 -R의 위치에 H가 결합하면 글리신, CH_2-OH가 결합하면 세린, CH_3가 결합하면 알라닌, CH_2-SH가 결합하면 시스테인이 된다.

아미노기는 알칼리성으로 작용하고 카르복실기는 산성으로 작용한다.

▶ **중성 아미노산** : 대부분의 아미노산은 아미노기와 카르복실기를 하나씩 갖고 있는 중성 아미노산이다. 모발의 아미노산 중 가장 많은 함유량을 차지하고 있는 시스테인(cysteine)이 있다.

▶ **산성 아미노산** : 아미노산 일반식의 R이 산성의 카르복실기(COOH-)를 가진 원자단일 때 아미노기(NH_2) 1개와 카르복실기 2개로 산성이 강하기 때문에 산성 아미노산이 된다. 아스파라긴산(Aspartic acid)과 글루타민산(Glutamic acid)이 있다.

▶ **염기성 아미노산** : R이 염기성의 아미노기(NH_2)를 가진 원자단일 때 아미노기 2개와 카르복실기 1개로 염기성이 강하기 때문에 염기성 아미노산이라고 한다. 리신(Lycine), 아르기닌(Arginine), 히스티딘(Histidine)이 있다.

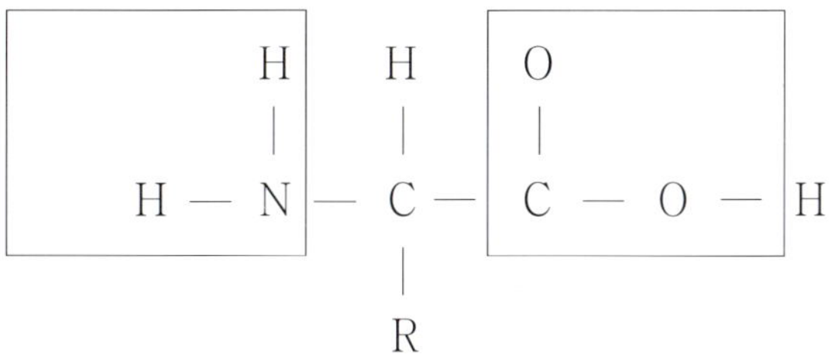

그림1-13 펩티드결합

2) 폴리펩티드(Polypeptide)

아미노산이 모유두에 옮겨져 단백질 합성효소에 의해 조합되어 폴리펩티드가 되는 과정을 구조식을 이용해 표시할 수 있다. 아미노기의 H와 카르복실기의 OH가 반응해 H_2O가 되고 N과 C가 결합한다. 이것을 펩티드결합이라 한다.

이 펩티드 결합이 차차로 행해져 N-C-C-N-C-C-N-C-C-N-C-C로 연결되어 폴리펩티드 주쇄가 형성된다.

알킬기의 R1, R2, R3 및 카르복실기의 =O는 각각 인접의 알킬기 및 아미노기의 N과 결합하고 있는 H와 결합해서 측쇄를 형성한다. 이 측쇄는 종 방향의 폴리펩티드 주쇄와 결합해 격자상의 폴리펩티드를 형성하게 된다.

3) 모발의 화학 결합

(1) 시스틴 결합(Cystine bond)

황(S)을 함유하고 있는 아미노산인 시스테인 두 개가 황을 사이로 결합한 것으로 모발의 측쇄결합 중 가장 강한 결합으로 기계적인 힘으로 간단히 끊어지며 화학적 반응, 특히 환원제의 작용에 의해 쉽게 절단된다. 이 결합을 자르지 않으면 콜드 웨이브를 형성시킬 수가 없기 때문에 일반적으로 환원제인 티오글리콜산이나 시스테인을 사용한다.

(2) 이온(염) 결합(Ionic bond)

인접 주쇄 간의 아미노잔기(NH_3+)와 카르복실잔기(COO-)가 이온적으로 결합되어 -$COOH_3N$- 이라는 염을 만들게 되는 화학 결합으로 양쪽의 전위 차가 없을 때 가장 강하게 결합한다. 모발에 강도를 주는 결합으로 등전점을 벗어난 pH가 되면 결합력이 약해진다.

(3) 수소 결합(Hydrogen bond)

주쇄 중의 탄소와 이중결합하고 있는 산소가 다른 쪽 주쇄 중의 질소와 결합하고 있는 수소와 결합한 것으로 하나의 결합력은 약하지만 측쇄 중에 다수의 결합이 존재하기 때문에 모발의 성상을 크게 변화시킨다.

모발을 물에 적시어 와인딩을 한 후 텐션을 제거하면 수소결합의 절단과 재결합을 볼 수 있는데 미용시술과 관련하여 롤 세팅과 블로우드라이에 이용된다.

(4) 펩티드 결합(Peptide bond)

상당히 강한 결합으로 주로 가로 결합에 관여하고 모발의 세로 결합 중에 존재하는 수는 적다.

4) 모발과 pH(Power of Hydrogen Ions : 수소이온농도지수)

(1) pH의 이해

pH는 물 한 방울을 전기적으로 분해시켜서 수소(H+)이온과 수산(OH−)으로 나누었을 때 수소 이온이 어느 정도 포함되어 있는가를 나타내는 지표이다. 물에 수소이온과 수산이온이 같은 양으로 존재하면 중성이라고 하고 다른 물질이 용해되어 수소이온이 증가되면 산성이 되고 반대로 수산이온이 증가되면 알칼리성으로 된다. 즉, pH란 어떤 용액이 산성인지 중성인지 아니면 알칼리성인지를 구분하는 단위로서 그 용액이 포함하고 있는 수소 양이온(positive hydrogen ions)이나 수산화 음이온(negative hydroxide ions)의 수에 달려 있다.

pH눈금은 0~14까지 있는데 7은 중성이고 7보다 작으면 산성, 7보다 크면 알칼리성이다.

(2) 모발의 pH

두피와 모발의 pH는 4.5~5.5 정도 인데 이것은 실제의 모발과 두피의 pH가 아니라 표면을 덮어 매끄럽게 만들고 있는 산성막 때문이며 긴 모발은 끝으로 갈수록 약해지고 윤기가 없는데 이는 모선에는 산성막이 적게 도달하기 때문이다.

모발은 산, 알칼리에 의해 변화되므로 제품의 pH에 따라 모발의 손상 정도가 달라지고 회복될 수도 있다.

▶ **모발의 등전점**(Isoelectric point)

여러 개의 아미노산들이 화학 결합을 통해 모발이 형성되는데 전기적으로 가장 안정된 상태의 ph는 4.5~5.5의 범위를 나타냈으며 이 상태를 등전점이라고 한다. 모발은 등전점에서 멀어질수록 아미노산의 결합이 약해져 여러 가지 화학약품에 대한 반응을 쉽게 받게 된다.

▶ **산성과 모발**(Acid and hair)

산성에 대한 모발의 저항력은 비교적 강한데 모발층의 단백질은 산성에 대하여 수축 작용을 함으로써 모표피의 응축 현상으로 표피층이 단단해 진다.

· 신맛이 나며 알칼리로 중화 할 수 있다.
· 모발을 수축시키고 탄력을 부여한다.
· 산성 린스는 모발에 윤기를 주고 건강하게 하며 손질하기 쉽게 해준다.
· 강산이 아니라면 산성에 의한 모발손상은 아주 적은 편이다.

▶ **산성막**(Acid mantle)

피부와 모발을 감싸고 있는 산성막은 한선에서 분비된 땀과 피지선에서 분비된 피지의 조합으로 이루어지며 약산성으로서 미생물의 번식을 막아주고 보호 작용을 하며 화학적 손상과 모발 건조 등을 방지한다.

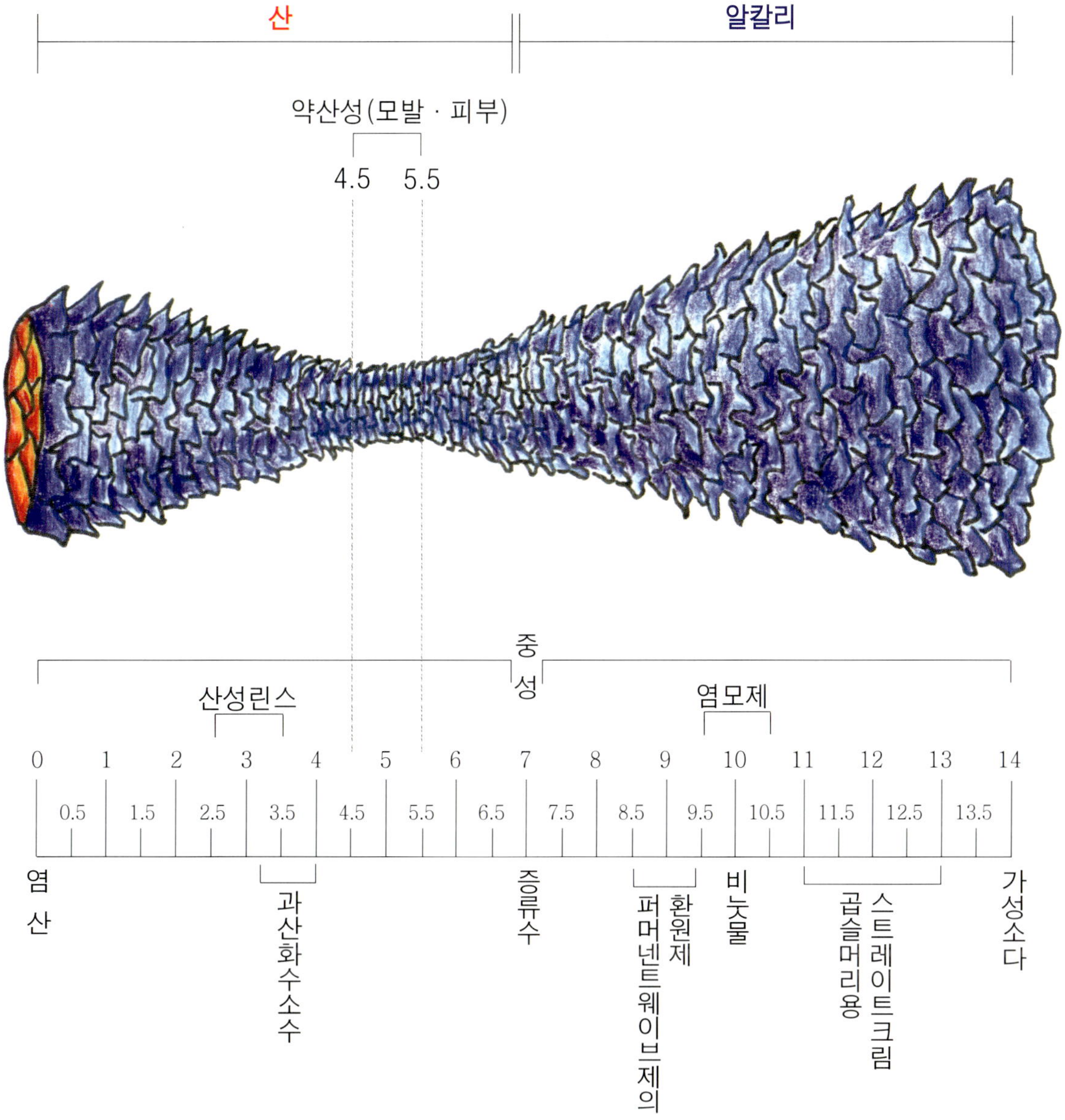

그림 1-14 모발과 pH

▶ 알칼리와 모발

알칼리는 모발을 연화시키고 팽창시키는데 pH수치가 높을수록 단백질의 염결합이 파괴되어 불안정한 상태가 된다. 약한 알카리에서는 모발의 유연함을 느낄 수 있지만 알칼리성이 강해지면 모발의 측쇄결합은 물론 케라틴 자체도 분해 된다.

· 산으로 중화 할 수 있다.
· 쓴맛이 난다.
· 감촉은 비누같이 미끈거린다.
· 건조해 보이며 뻣뻣해지고 손질하기가 어렵다.
· 산성막은 pH가 높은 알칼리성의 펌제, 염 · 탈색제와 접촉하면 파괴된다.

▶ pH발란스

피부나 모발이 화학적인 처리 후에 원래의 등전점인 pH4.5~5.5의 약산성으로 되돌아가게 해 주는 것으로 피부의 산성막과 같은 효과를 준다. 화학적으로 처리된 모발은 내부 음전하의 균형을 잡기 위하여 보다 강한 산성 용액을 사용하게 된다.

(3) 모발 염색과 pH

모발을 염색하는데 사용되는 제 1제에는 알칼리제인 암모니아를 첨가시키는데 이것의 역할은 모표피를 열어주어 색소의 침투를 용이하게 하며 과산화수소와 반응하여 산소를 발생시키는 산화 과정을 촉진 시켜주기 때문이다.

같은 염모제를 사용해도 pH에 따라 발색과 탈색의 정도가 달라지는데 pH가 낮은 상태인 산성 염모제(pH3~pH4) 또는 높은 상태인 알칼리성 염모제(pH9~pH11)에서 최대의 탈색 또는 염색 정도를 얻을 수 있다.

만일 모발의 손상이 심한 경우에는 산성 반영구적인 염모제를 사용하여 염색을 시술하기 전에 모발을 산성 처리하여 양전하를 띄게 한 다음 음전하를 띈 산성염료를 도포하여 이온 결합력으로 염색을 하는 방법이 있는데 이온결합이 쉽게 깨지기 때문에 색의 보존이 오래가지 못하는 단점이 있다.

▶ 모발 염 · 탈색에 사용되는 화학제품의 pH

· 과산화수소(peroxide)는 산성 pH3.0~4.0이다. 과산화수소는 퍼머넨트웨이빙과 모발 염 · 탈색 시 산화제로 사용된다.
· 모발탈색제(bleach)는 pH10.0~11.0이다. 표백제는 과산화수소와 혼합될 경우 멜라닌색소를 제거할 정도의 알칼리성으로 만든다.
· 암모니아는 pH11정도이며 멜라닌색소 제거 과정을 돕는다.
· 모발염색(tint) 용액은 9.5정도이다.
· 알카리성 제품을 사용하여 시술한 다음에 산성의 pH가 낮은 컨디셔너를 사용하면 pH를 중화시켜서 모피질이 환원되고 모표피가 단단하고 부드러워지게 된다.

8. 모발색의 이상현상

태양광선의 파장 길이에 따라 적외선, 가시광선, 자외선으로 구분되는데 이 중 자외선과 적외선은 케라틴 단백질의 변성을 가져오며 사람에 따라 유전인자에 의해 멜라닌 색소가 조절되지만 모발색의 이상 현상에 대한 기전은 정확히 밝혀지지 않았다.

보통 흰머리는 측두부에서 시작하여 두정부, 후두부로 서서히 진행되어 노화로 인한 백모현상이 온다. 원인은 알려져 있지 않으나 노화가 아닌 백발에는 필수아미노산의 부족으로 백모현상이 진행될 수도 있다고 한다.

(1) 백모증(Leukotrichia)

멜라닌 색소의 감소에 의해 모발이 하얗게 되는 증상을 말한다. 치료방법은 없으며 모발 염색으로 흰머리를 감출 수 있다.

* **점진적인 백모증** : 모구에 있는 멜라노사이트의 활동이 노화현상과 더불어 점차 줄어들어 흰머리가 나타나게 된다. 35~40세 가량에서 시작하며 일반적으로 관자놀이에서 시작하지만 전체 모발의 한 부위에서만 생겨날 수도 있다.

* **조기 백모증** : 흰머리가 20세 전에 나타나는 것으로 유전적 요소에 의한 경우가 매우 흔하다.

* **돌발성 백모증** : 신경의 충격이나 공포감이 있은 후에 흰머리가 갑자기 생겨난다.

* **일시적 백모증** : 몇몇 의약품은 모발의 착색감소를 유발할 수 있다. 이 경우는 밝은 모발만이 영향을 받는데 치료 후 원래의 색깔을 되찾게 된다.

(2) 백색증(Albinism)

색소의 결핍으로 출생시부터 한 가닥 또는 여러 개의 머릿단이 하얗게 증상을 일컫는다. 어떤 경우에는 모발 전체가 하얗게 될 수도 있다. 피부와 털에 염색소가 감소되거나 결여된 선천적인 이상 현상으로 눈은 일반적으로 붉으스름하다. 예방조치는 없으며 모발 염색제로도 착색이 어렵다.

(3) 적발증(Rutilism)

다소 밝거나 어두운 붉은 모발의 색을 갖는 선천적 이상 증상이다. 어린이에게서 두드러지며 나이가 들면서 감소한다. 모발의 특수한 구조에 의해 빛의 푸른 광선이 흡수되어 따뜻한 색, 특히 빨간색이 두드러지게 나타나게 된다. 이러한 이유로 붉은 모발은 탈색하기가 매우 어렵다.

(4) 고색소증, 과염색증(Hyperchromia)

피부와 모발이 과도하게 착색된 증상이다. 전체의 모발과 다른 색을 띠는 머릿단들이 있는데 예를들면 금발에 검정색 머릿단이, 갈색모에 붉은 머릿단이 섞여 있는 증상이다. 적혈구나 헤모글로빈 농도의 증가가 원인이 될 수 있다. 모발 탈색과 모발 염색을 가끔씩만 활용하여야 한다.

▶ 백모의 원인

· 멜라닌 색소의 부재
· 멜라닌 색소세포가 각화세포에 전달되지 않음
· 멜라노사이트의 수적인 감소나 소실
· 멜라닌색소 형성을 돕는 효소(tyrosinase)의 감소 또는 손실
· 피질세포에서 멜라닌 색소의 이동을 저해

Ⅱ. 색채의 이해

제2장 색채의 이해

1. 빛과 색

물체는 그 자체가 색을 발하는 것이 아니라 빛을 받아서 흡수, 반사, 투과 등을 거쳐서 독특한 색을 나타내는 것으로 물리적으로는 스펙트럼에 의한 광(Light)으로 인식되지만 화학적으로는 뇌에 이르는 색의 지각이 안료나 염료에 의해 얻어지는 것이고 생리학적으로는 시각을 통해 대뇌에 이르는 색의 지각이다.

우리가 색으로 보는 모든 사물에는 물체색상이라 하여 고유의 색을 갖고 있는데 이 색을 인식하려면 빛이 있어야 한다. 빛에 의해 사물에 빛이 반사하여 스펙트럼상의 물체색상이 우리 눈의 망막에 있는 시세포의 추상체라는 세포를 자극하여 색을 인식하는 것이다.

우리가 인식하는 광선은 자외선, 가시광선, 적외선이 있는데 직접적으로 느낄 수 있는 빛의 파장은 360nm~780nm의 가시광선이다. 가시광선은 7가지 스펙트럼으로 구성되는데 빨강, 주황, 노랑, 초록, 파랑, 남색, 보라색으로 이루어진다.

▶ 인간이 볼 수 있는 가시광선의 파장은 약 380nm~780nm이다.
▶ 빛은 파장에 따라 서로 다른 색감을 일으키는데 가장 큰 파장은 빨강색이고 가장 작은 파장은 보라색으로 지각된다.
▶ 여러 가지 파장의 빛이 고르게 섞여 있으면 백색으로 지각된다.

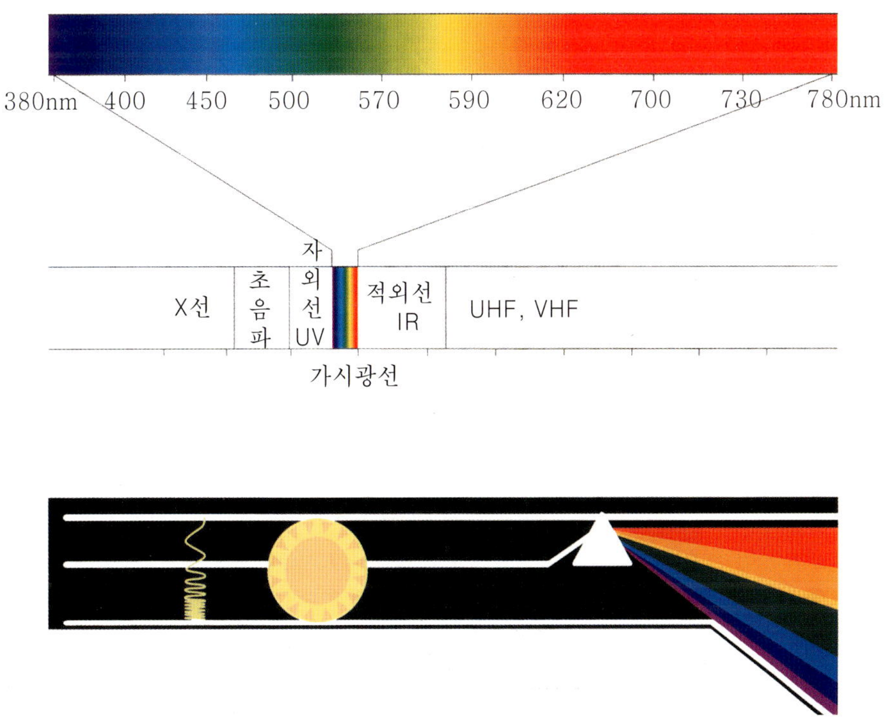

그림 2-1 전자기파 에너지 스펙트럼과 가시광선

▶ 물체는 조명에 의해 지각되는데 조명 빛의 종류는 다양하며 조명의 광원색에 따라 물체의 색이 다르게 보이기도 한다. 이렇게 물체의 색이 조명, 즉 물체를 비추는 빛에 따라 달라 보이는 현상을 연색성이라고 한다.

▶ 서로 다른 두 가지의 색이라도 조명에 의해 같은 색으로 느껴지는 현상을 조건등색이라고 한다.

▶ 형광등 아래서는 같은 두 색이 백열등 아래로 가면 색이 다르게 보인다거나 백열등 아래에서 같은 색이 햇빛에 비추면 서로 다르게 보이는 것은 그 물체의 분광분조가 다르기 때문이다.

▶ 색이 보이는 양상은 상당히 복잡하여, 태양 아래에서는 흰색 천과 옅은 노랑 천은 분명히 구별되지만, 전등불 아래에서는 똑같이 흰색으로 보여 구별하기 어려운 경우가 있다. 예를 들면, 사진암실의 빨강 안전광 아래에서는 흰색, 노랑, 빨강이 잘 구별되지 않고, 빨강 잉크는 무색의 물처럼 보인다. 이러한 현상이 색순응(色順應)인데, 이것은 한 장소의 주조명(主照明)을 이루고 있는 광원원에 눈이 익어서 그것과 똑같은 스펙트럼 특성을 지니는 것을 무채색으로 느끼게 되기 때문에 일어난다.

2. 색의 속성

1) 색상(Hue)

빨강, 파랑, 녹색이라는 이름 등으로 서로 구별되는 특성을 말한다. 색조와 거의 같은 뜻으로 쓰이는데, 색상의 변화를 계통적으로 고리 모양으로 배열한 것이 색상환(色相環)이다.

스펙트럼이나 무지개에서 색은 크게 일곱 가지의 색으로 구별되어지지만 색의 연속에 따라 수많은 중간색들을 나눌 수 있고 색과 색은 자기만의 특성을 지니고 있어 다른 색과 구별된다.

녹색, 청록색 등과 같은 색상환의 거리가 가까이 인접해 있는 색들을 인근색 또는 유사색이라고도 한다. 반대로 거리가 먼 색은 색상차가 크다고 하여 반대색이라 하며, 적색과 청록과 같이 서로 반대쪽의 색은 보색관계에 있다고 한다.

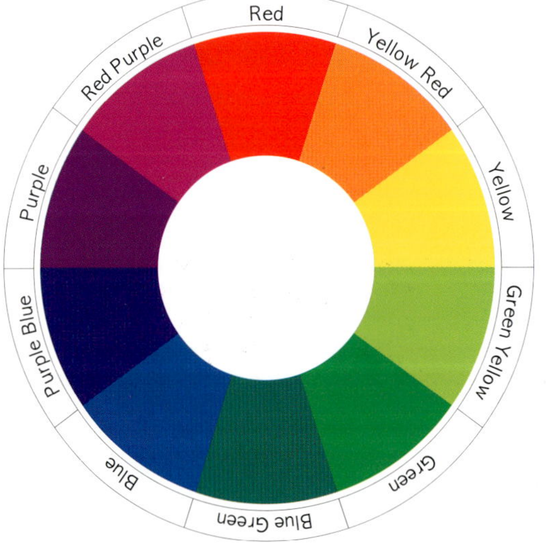

그림 2-2 색상

2) 명도(Luminosity)

물체색과 광원색이 지니는 밝기의 정도로 색의 혼합에 있어 어떠한 색에 흰색을 섞으면 명도가 높아지고 검정을 섞게 되면 명도는 낮아진다. 같은 계통의 색상이라도 반사율에 따라 밝은 색과 어두운 색으로 구별되어지기도 하는데 연분홍색과 분홍색이 함께 있을 때 연분홍이 분홍보다 밝게 보이는 현상이다.

눈으로 느낄 수 있는 감각은 명도에 가장 예민하게 작용하며 그 다음으로 색상, 채도의 순으로 나타난다.

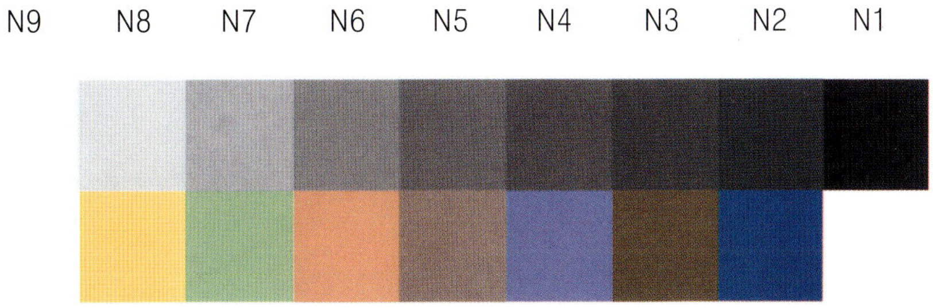

그림 2-3 명도

3) 채도(Saturation)

색의 선명함과 탁함을 나타내는 것으로 포화도(飽和度)라고도 한다. 가령 칸나꽃의 빨강과 팥의 빨강은 비슷한 명도(明度)를 가지지만 칸나 쪽이 훨씬 선명하며, 따라서 채도가 높다고 한다. 채도는 스펙트럼색에 가까울수록 높아지며 한 색상 중에서 가장 채도가 높은 색을 그 색상 중의 순색이라고 한다. 색의 혼합에서 어느 순색의 색상에 백색이나 흑색의 혼합량이 적을수록 채도가 높아지며 무채색의 함량이 가장 적은 색을 순색이라 한다.

그림 2-4 채도

표 1-1 색의 속성에 따른 감정효과

감 정	색 상	명 도	채 도
감각 (Feeling)	난색 : 자극적 한색 : 침착	밝은 명도 : 기분을 북돋음 어두운 명도 : 휴식적이나 우울함으로 변함	높은채도 : 기운을 북돋움 낮은채도 : 평화적
주의 (Attention)	난색은 한색보다 주위를끈다.	극적인 명암은 눈의 주위를 끄는 경향이 있으며 대비가 큰 것은 더욱 효과적이다.	높은 채도일수록 주의를 끈다.
크기 (Size)	난색은 물체의 크기를 내벽에 사용하면 방의 크기를 축소시킨다.	밝은 명도는 방의 크기를 증대시키고 배경색에 강한 대비는 효과적이다.	높은 채도는 물체의 크기를 증대시킨다. 벽에 높은 채도가 사용되면 방의 크기가 축소된다.
거리 (Distance)	난색 : 물체를 진출시킴 한색 : 물체를 후퇴시킴	밝은 명도는 물체를 후퇴시키고 어두운 명도는 진출시킨다. 명암에 있어서 극적대비는 진출효과가 있다.	높은 채도는 뚜렷하게 거리를 단축시킨다.
윤곽 (Out-line)	난색은 한색보다 윤곽을 가볍고 부드럽게 해준다. 대비되는 색은 유사색의 조화보다 윤곽이 더욱 선명하다.	명암의 대비는 윤곽을 강조하 는 효과적인 방법이다.	채도의 대비는 윤곽을 강조시킨다.

*Faulkner Ray Sarah, Inside Today' s Home (NY:Rinehart and Winston. Inc. 1975 p.134

3. 색의 분류

1) 무채색(Achromatic color)

유채색에 대응되는 말로, 감각상 색상 · 채도(彩度)가 없고 명도(明度)만으로 구별된다. 물리적으로는 물체의 표면에 입사(入射)하는 빛이 선택 흡수되지 않고 각 성분의 파장(波長)에 대해 골고루 반사 흡수될 때에 나타나는 색으로 그 밝기는 표면에서의 빛의 반사율(또는 흡수율)로써 정해진다. 일반적으로는 백색에서 흑색까지 무채색의 밝은 정도를 감각적으로 등분(等分)하여 늘어놓고, 그 배열에 붙인 번호로써 밝기를 구별하며, 이를 다시 유채색을 포함한 모든 색의 밝기의 척도(尺度)로 삼는 경우가 많다.

무채색의 온도감은 따뜻하지도 차지도 않은 중성색이지만 의복의 경우 검은색 옷은 빛의 반사율이 낮은 대신 흡수율이 높기 때문에 따뜻하며 흰색 옷은 이와 반대이다.

2) 유채색(Chromatic color)

명도(明度) 차원만을 포함하는 무채색을 제외한 모든 색, 즉 빨강, 주황, 노랑, 초록, 파랑, 보라 등 유채색을 분류할 때 그 각 색에 붙인 명칭 또는 기호를 그 색의 색상이라고 한다. 단 상기한 색 외에, 연 주황색, 황토색, 다갈색, 감귤색 등 일반적으로 관용되고 있는 색명은 단순히 색상뿐이 아닌 색의 채도와 명도를 포함해서 독자적인 색을 말하는 경우가 있다.

또한 개개의 유채색은 색상, 명도, 채도라고 하는 감각적인 요소에 의해서 분류되는데 어떤 색상 중에서 가장 채도가 높은 것은 그 색상 중에서 가장 순도(純度)가 높은 색이라는 의미에서 순색(純色)이라고 한다.

4. 색의 혼합(Color mixing)

두 개 이상의 색료나 색광을 혼합하여 다른 색채감각을 일으키는 것을 색의 혼합 또는 혼색이라 한다.

1) 원색

눈의 망막에는 빨강, 파랑, 초록 3색에 대응하는 시신경이 있다고 생각되며, 이를 응용한 것이 컬러텔레비전의 화면구성 요소이다. 이 3색을 빛(색광)의 3원색, 즉 가산혼합(加算混合)의 3원색이라 한다.

물감에서는 자주(마젠타), 노랑, 파랑(시안)의 3색을 가리키며, 이 3색을 알맞게 배합하면 검정을 포함하여 다른 어떤 색의 물감도 만들어낼 수 있는데 불투명한 것을 조건으로 한다. 이 3색을 물감의 3원색, 즉 감산혼합(減算混合)의 3원색이라 한다.

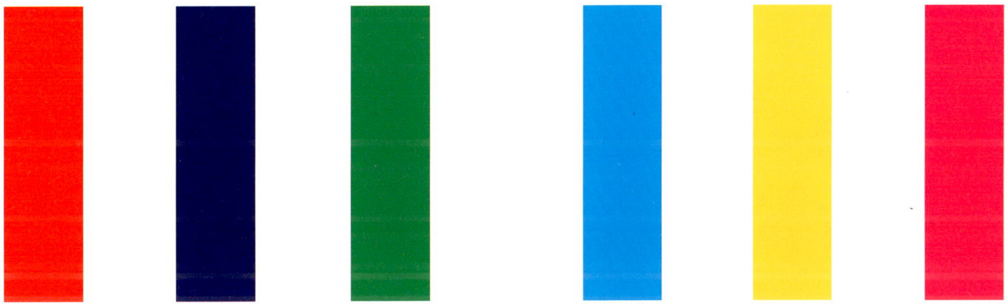

가산혼합 감산혼합

그림 2-5 물감의 삼원색과 빛의 삼원색

가산혼합

감산혼합

그림 2-6 가산혼합과 감산혼합

2) 색상환

색도도에서 스펙트럼 색의 자취와 보라의 경계를 연결해 만들어진 색의 계(系)이다. 색표계의 색상 표시에 쓰인다. 오스트발트표색계(俵色系)에서는 노랑(Y) ·오렌지(O) ·빨강(R) ·보라(P) ·남(UB) ·파랑(B) ·청록(SG) ·황록(LG)의 8가지로 나누고, 다시 각각을 1Y, 2Y ,3Y 등의 3가지로 나눈다. 또 1Y를 1, 3LG를 24로 하는 일련번호가 붙여져 있으며, 그 번호에 12만큼 차등이 있는 것은 서로 보색이 된다.

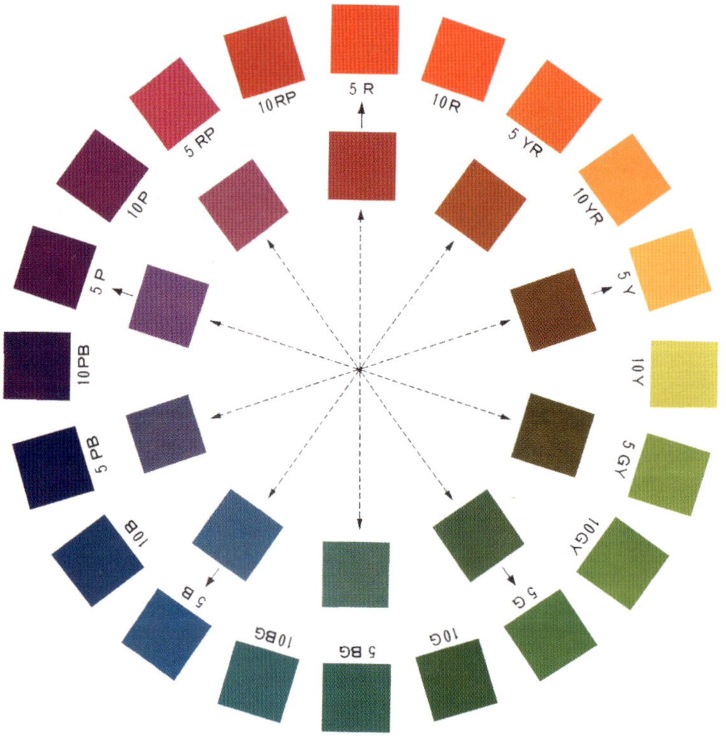

그림 2-7 색상환

먼셀표색계에서는 빨강(R) · 주황(YR) · 노랑(Y) · 황록(GY) · 초록(G) · 청록(BG) · 파랑(B) · 청자(PB) · 보라(P) · 자홍(RP)의 10가지로 나누고, 다시 1R, 2R, …, 10R 등의 10가지로 나눈다.

빨강, 노랑, 파랑의 3원색을 1차색이라 하고 이 3색을 혼합하면 그림과 같은 2차색을 얻을 수 있다. 또 2차 혼합색과 1차색을 혼합하면 다음과 같은 색상환이 된다.

3) 보색

빨강과 청록 색광을 가산혼합하면 흰색이 된다. 이같이 혼합하면 흰색(무채색)이 되는 두 색을 서로 보색(補色)이라고 한다. 감산혼합의 경우는 보색 관계에 있는 두 색을 혼합하면 회색 또는 검정(모두 무채색)이 된다. 빨강과 청록 외에 노랑과 남색, 녹색과 주황 기타의 조합이 있다. 조합은 삼원색 중 하나씩을 조합하는 경우이며, 보색의 조합은 수없이 많다.

보색은 색상환에서 서로 반대편에 있는 색을 일컫는 것으로서 주황과 파랑, 빨강과 청록, 노랑과 남색, 연두나 보라 등이 보색관계에 있다. 보색관계에 있는 색을 섞으면 서로의 색을 지우는 역할을 하는데 원래의 모발색을 없애려 할 때 이 원리를 응용한다.

▶ 노란색을 띠는 모발에서 노란색을 살리고 주황계통의 머리색으로 마무리하고 싶을 때는 빨강색소를 가진 염모제로 염색한다.

▶ 빨간색을 띠는 모발에서 빨간색을 살려서 자색계통의 머리색으로 마무리하고 싶을 때는 파랑색소를 가진 염모제로 염색한다.

▶ 붉은 빛을 띠는 모발색을 지우고 내추럴한 머리색으로 마무리하고 싶을 때는 빨강색의 보색인 녹색계의 색소를 가진 염모제로 염색한다.

▶ 퇴색이 심하고 너무 밝은 모발색을 지우고 내추럴한 머리색으로 마무리하고 싶을 때는 노랑색의 보색인 자색계의 색소를 가진 염모제로 염색한다.

5. 색의 대비

하나의 색이 주변색에 영향을 받아 그 색만을 보는 경우와는 틀리게 다른 색으로 보일 수가 있다. 헤어 컬러의 경우에는 예외 없이 이러한 현상을 경험하게 되는데 모델의 의상과 메이크업의 색에 따라서도 컬러를 서로 다르게 경험하게 된다.

이와 같이 다른 색의 영향으로 색이 변해 보이는 현상을 색의 대비현상이라 한다.

1) 동시대비와 계시대비

두 가지 이상의 색을 동시에 볼 때 일어나는 현상을 동시대비라 하는데 이는 시점을 한 곳에 집중시키려는 색채지각과정에서 일어나는 현상으로 순간적으로 일어나게 되며 계속하여 한 곳을 보게 되면 눈의 피로도 때문에 대비효과는 적어지게 된다.

계시대비는 일정한 자극이 사라진 후에도 지속적으로 자극을 느끼는 현상으로 잔상과 구별이 힘들다. 색을 본 후, 다른 색을 볼 때 먼저 본 색의 영향으로 다음에 보는 색이 다르게 보이는 현상을 말한다. 즉 적색 다음에 황색을 보았다면 색상은 황록을 띠어 보인다.

그림 2-8 동시대비

2) 명도대비

색의 밝음을 명도라고 하며, 같은 색이라도 명도가 높은 것에 둘러싸이면 어둡게 보이고 명도가 낮은 것에 둘러싸이면 밝게 보인다. 즉 배경색에 따라 다르게 보이는 것을 명도대비라 한다.

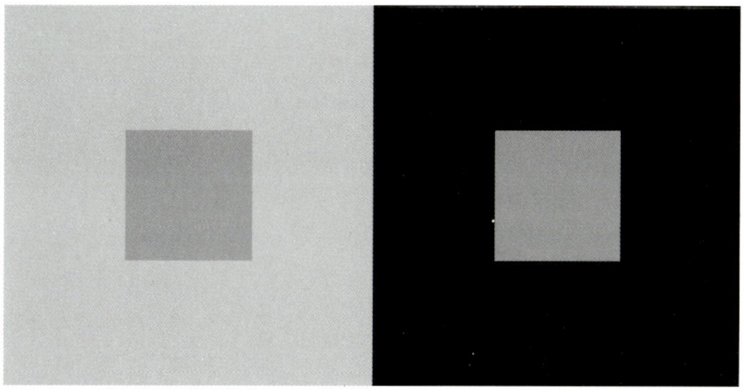

그림 2-9 명도대비

3) 색상대비

색상이 다른 두 색을 동시에 인접시켜 놓았을 경우 두 색이 서로의 영향으로 인하여 색상 차가 크게 나는 현상으로 색상차가 크다는 것은 서로 색상의 거리가 먼 쪽으로 변한다는 것이다. 주변의 색이 빨간색이면 녹색이 대비색상이고 보라색이면 노랑이 대비색으로 한층 돋보인다. 즉 조합한 색과는 반대의 색을 느끼는 것이다.

그림 2-10 색상대비

4) 채도대비

채도가 다른 두 색을 인접시켰을 때 서로의 영향으로 채도가 높은 색은 더욱 높아지고 채도가 낮은 색은 더욱 낮아 보이는 현상을 채도대비라 한다. 즉 선명한 색깔에 둘러싸이면 가운데 색이 눈에 띄지 않고 어두운 색깔에 둘러싸이면 선명하게 느껴지는 현상이다.

5) 보색대비

서로 보색관계인 두색을 가까이 하면 각각의 색은 더욱 선명하게 보이며 채도 또한 높아져 보이는 대비효과를 보색대비라 한다.

보색을 이용하여 염색을 할 경우는 색상의 강도와 색의 표현감을 정확히 할 필요가 있다. 또한 보색은 서로의 색상을 강조할 때 사용되기도 하는데 노란 모발에 보라색으로 포인트 색상을 주는 염색을 할 수 있다.

모발 염색 시 보색을 이용하여 원하지 않는 색조를 조절할 수 있는데 예를 들어 모발의 금색이 싫증나서 없애고 싶을 때 보색인 보라색으로 중화하여 갈색으로 만든다. 보색은 원하지 않는 서로의 색을 중화시켜 원래의 색상을 억제시키는 작용을 한다.

▶ **초록색** : 이전에 염색한 색상이 남기는 붉은 색조를 중화시키는데 사용한다.

오렌지색 : 이전에 염색한 색상이 남기는 파란 색조를 중화시키는데 사용한다.

☞ 파란색을 중화시키기 위해 오렌지색만 사용하면 오렌지색이 보이기 때문에 오렌지색에 소량의 파란색을 섞어 갈색으로 만든 다음 시술하는 것이 깨끗한 결과 색상을 얻을 수 있다.

☞ 보라에 보색인 노랑을 넣어 갈색을 만들 때는 보라의 파워가 크므로 보라에 노랑을 섞으면 갈색을 만들기가 어려우므로 노랑에 보라를 조금씩 섞어가며 원하는 갈색을 만든다.

☞ 고객이 현재의 구리 반사빛을 원하지 않을 때 잿빛이나 푸른빛의 보색을 이용하여 갈색을 만든다.

▶ 예) 현재의 컬러 – 구리빛 황금색(copper blonde)
원하는 컬러 – 밝은 갈색(light brown)
사용할 수 있는 염모제 – 잿빛 갈색 또는 푸른 갈색

그림 2-12 보색대비

6) 면적대비

면적의 크기에 따라 색이 다르게 보이는 것을 면적대비라 하고 색의 온도감에 따라 다르게 보이는 현상을 한난대비라 한다. 대비현상의 공통점은 서로 반대되는 경향으로 변해 보이는 것이다.

그림 2-13 면적대비

6. 색채 코디네이션

모발을 염색하기 전에 먼저 고객의 연령과 직업, 피부색, 헤어스타일, 얼굴형, 원하는 색상을 정확히 파악하여 고객에게 어울리는 색상을 코디해야 한다.

1) 헤어컬러

(1) 갈색계통은 편안하고 부드러운 분위기를 주는 색으로 밝을수록 경쾌한 느낌을준다. 은은한 이미지를 원하는 사람에게 어울리는 색으로 캐주얼과 정장 스타일 모두 잘 어울리므로 부담스럽지 않다.

(2) 오렌지계통의 색은 젊은 세대의 톡톡 튀는 발랄함이 느껴지며 미니스커트와 체크무늬의 점퍼 스타일과 잘 어울린다. 쇼트커트 스타일로 정리하지 않은 듯 적당하게 흐트러진 연출이라면 오렌지계의 모발색이 잘 어울린다.

(3) 빨강계통은 정열적인 색으로 전체적으로 완벽하게 레드톤으로 컬러링을 하는것이 부담스럽다면 몇 가닥씩 자연스럽게 연출하는 방법과 머리 끝부분에만 살짝 결을 따라 부분적으로 염색하여 빛의 위치에 따라 신비한 느낌을 주는 방법 등이 있다. 개성파를 위한 튀는 색이다.

(4) 자주색은 완전한 퍼플 컬러라기보다는 블랙에 가까운 퍼플로 표현된다. 신비하고 지적인 느낌을 주는 것이 특징이며 윤기 있게 흘러내리는 머릿결이 매우 생생하게 표현되어 굵은 웨이브 펌이나 스트레이트 헤어스타일에 매치하면 세련되어 보인다.

(5) 블루 블랙은 블루 톤이 감도는 검은빛 모발이 청순한 이미지를 연출할 수 있 으나 답답하고 차게 보일 수 있다.

(6) 레드 체리는 섹시하고 관능적인 느낌을 준다.

2) 얼굴색과 헤어컬러와의 상관관계

동양인의 경우는 대체적으로 브라운 계열이나 오렌지 레드가 잘 어울리는 편이나 얼굴의 면적이 클 경우에 밝은 색상은 피하는 것이 좋다. 얼굴이 작을 경우에는 밝은 색상을 이용하여 확대되어 보이도록 한다.

(1) 까만 얼굴은 오렌지, 갈색 등의 밝은 색이 좋으며 검고 어두운 색은 얼굴이 우중충해 보이므로 피하는 것이 좋다. 까만 얼굴은 은색이나 금색같이 자극적인 컬러나 블루 블랙, 퍼플 등의 진한 컬러가 잘 어울린다.

(2) 노란 얼굴은 일반적으로 갈색이나 오렌지가 무난하다.

(3) 하얀 얼굴은 어떤 색도 무난하지만 동양인에게는 오렌지, 핑크, 빨간 색 등의 붉은 계열 컬러가 잘 어울린다. 단 노랑색은 탈색되고 부스스 한 느낌이 들므로 피하는 것이 좋다. 희고 큰 얼굴은 블루 블랙이나 블랙 컬러가 적당하다. 페이스 라인을 따라 어두운 색이 들어가면 얼굴이 작아 보인다.

3) 계절에 어울리는 색상 찾기

(1) 봄

봄의 얼굴색은 맑은 노란빛을 띄고 있어 마치 살구 톤의 복사꽃 같은 느낌이며, 매끄러운 크림색의 투명한 피부를 가진 얼굴로 신체의 특징으로 눈동자색은 푸른색이나 녹색이고 머리카락의 색은 따뜻하고 부드러운 느낌을 주는 갈색으로 전체적인 이미지는 발랄하고, 젊으며, 따뜻하고 밝은 투명한 이미지를 갖고 있다.

명도는 높고, 채도는 낮은 밝고, 생기 있는 톤으로 산뜻하고 맑은 느낌의 노란 톤이 느껴지는 아이보리, 살구, 연두, 복숭아, 따뜻하고 옅은 바다색 등의 파스텔 계열이 어울린다.

(2) 여름

여름의 얼굴색은 희고 붉은 톤이며 푸른빛이 도는 피부이다. 눈동자와 머리카락은 검은 빛을 띄지만 강하기보다는 부드러운 검은색에 속하며 청초하고 신선한 차가운 이미지를 지니고 있다.

명도는 높고 채도는 낮은 톤으로 모든 색에 흰색과 파란 톤이 느껴지는 엷은 회청색, 파스텔 핑크, 파스텔 블루, 라벤다 등의 차가운 색상이 어울린다. 너무 진한색이나 황금빛 톤이 도는 따뜻한 색은 피하는 것이 좋다.

(3) 가을

가을의 얼굴색은 탁하고 노란기를 띄고 있으며 햇빛에 잘 그을려서 잡티나 기미가 잘 생기고 윤기가 없다. 눈동자는 황갈색이나 어두운 갈색이며 머리카락의 색은 밝은 갈색이나 오렌지색을 띄는 붉은 갈색을 갖고 있는 자연스럽고 차분한 이미지로 깊은맛과 오곡의 풍성함을 전달하는 풍요로운 느낌을 갖고 있다.

명도와 채도가 낮은 진하고 탁한 톤으로 모든 색에 노랑과 검정이 섞여 있는 굴색, 베이지, 마호가니, 겨자색, 이끼색, 딥 블루 등의 색이 어울린다.

(4) 겨울

겨울의 얼굴색은 붉은기가 비치는 투명한 피부이거나 누른 기를 띄고 있으며 눈동자와 머리카락은 선명한 검정색으로 윤기가 있으며 푸른빛이 돈다. 맑고 강하며 차가운 느낌으로 도시적인 이미지가 강하다.

명도는 낮고 채도는 높은 순수한 색상과 오렌지 와인, 다크 브라운 등의 따뜻한 색상이 어울린다. 모든 색에 푸른 빛이 들어간 색이 어울리며 황금색 계열은 피하는 것이 좋다.

4) 굵기, 머리숱의 모발 특성에 따라

(1) 상한 모발

전체적인 염색보다는 부분 블리치 + 산성염모제로 모발의 손상을 막아주어야 하며, 어느 정도 모발이 회복될 시간적 여유를 준 다음 시술에 들어간다.

(2) 적은 모량

밝은 모발이라면 자신의 머리색보다 어둡게 하고 어두운 색의 모발이라면 부분적으로 블리치를 해 줌으로써 볼륨감을 살린다.

5) 색의 성질

(1) 진출색과 후퇴색

가깝게 보이는 색을 말하며 황색, 적색 등이 있다. 무채색보다 유채색이 진출력이 강하고 어두운 배경에 밝은 색일수록, 밝은 배경에 어두운 색일수록 진출하여 보인다. 후퇴색은 멀리 보이는 색을 말하며 유채색보다는 무채색에서 볼 수 있다.

(2) 팽창색과 수축색

커보이는 색(팽창색)과 작아보이는 색(수축색)이 있으며 밝은 색은 팽창색, 어두운 색은 수축색에 가깝고 이러한 색의 성질은 명도에 따라서 크게 좌우되어진다. 의상의 색이나 헤어 컬러 등에도 결정적인 요인으로 적용된다.

6) 색상의 온도감

색에 있어서는 차가운 색과 따뜻한 색의 서로 다른 느낌이 있는데 한색이 주는 이미지는 수축과 후퇴, 긴장감을 느끼게도 하지만 차분한 이미지를 주기도 한다. 염색에 있어서 얼굴의 이미지 표현에 적용한다면 볼 살이 많은 사람은 청록, 파랑, 청보라를 사용하여 수축된 이미지를 줄 수 있다.

난색은 따뜻한 느낌을 주며, 정열적인 색감을 표현하는데도 많이 쓰이는데 팽창과 진출, 온화한 느낌을 표현하는데 적합하다. 헤어컬러의 이미지에는 생동감과 온화함을 표현할 때 많이 쓰이는 색상이다.

(1) **난색** – 빨강, 주황, 노랑 등의 장파장 계열의 색이며 활동적이고 적극적인 느낌을 준다

(2) **한색** – 파랑, 감청, 남색, 청록 등의 단파장 계열의 색이면 소극적이고 조용한 감을 준다.

(3) **중성색** – 녹색, 보라, 자주, 황록색 등의 색이며 따뜻하게도 차갑게도 느껴지지 않는 색이다.

▶ 염색에서는 따뜻한 색조(금색, 구리색, 붉은색, 자주색)와 차가운 색조(초록색, 재색, 보라색, 푸른색)로 나눈다. 이 두 가지 색조를 혼합하면 탁한 무채색이 된다.

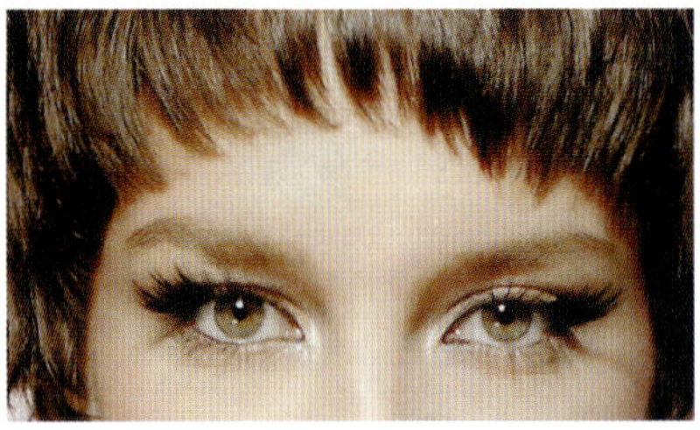

6) 색상의 중량감

명도가 높을수록 중량감은 감소하고 명도가 낮을수록 무게의 느낌은 상대적으로 커진다. 즉, 낮은 명도의 것을 하단에, 높은 명도의 것을 상단의 위치에 놓음으로써 안정감을 느낄 수 있다. 색의 중량감도 명도에 의해 크게 좌우된다.

7) 색의 강 · 약감

명도에도 관련되지만 주로 채도에 관련되어지는 것으로서 채도의 높낮이에 달려 있다. 채도가 높은 색일수록 강한 느낌을 준다.

8) 색의 연상

색을 보는 시각은 기억, 지식 등이나 민족성, 성별에 따라 다르듯이 개인에 따라 다소의 차이가 있을 수 있다. 연상색은 가지색, 물색, 풀색, 하늘색과 같이 사물의 이름으로 결정되어지기도 하고, 어떤 색이 상징되어지는 것도 있는데, 그 예로 붉은색은 정열적인 것과 불과도 연관되어지지만 어떤 국가를 상징하게 되는 것도 볼 수 있다. 이러한 현상을 색의 연상이라고 한다.

▶ 색은 특정한 상징성을 갖는데 무심히 선택한 옷의 색, 헤어컬러의 색은 자신의 마음이며 하나의 언어이다. 즉 우리의 마음에서 느껴지는 정서적인 반응과 규칙 에 의한 사회적 규범을 반영한다.

- · 빨강(red) : 사랑, 정열, 애정, 야망, 위험, 혁명, 힘
- · 주황(orange) : 흥분, 활동, 성취, 온화, 약동, 젊음
- · 노랑(yellow) : 행복, 교만, 영광, 신성, 병약
- · 녹색(green) : 휴식, 신선함, 평화, 청춘, 활기, 공평, 삶
- · 파랑(blue) : 정직, 이지, 고요, 신비, 청명, 침착, 긴장의 완화
- · 보라(purple) : 장중함, 고귀, 우아, 장엄, 고독, 신비
- · 흰색(white) : 희망, 순결, 냉정, 순수, 고상, 정신주의
- · 흑색(black) : 죽음, 엄격, 적막, 불길, 정밀, 예식
- · 갈색(brown) : 우연성, 자연스러움, 친근, 겸양

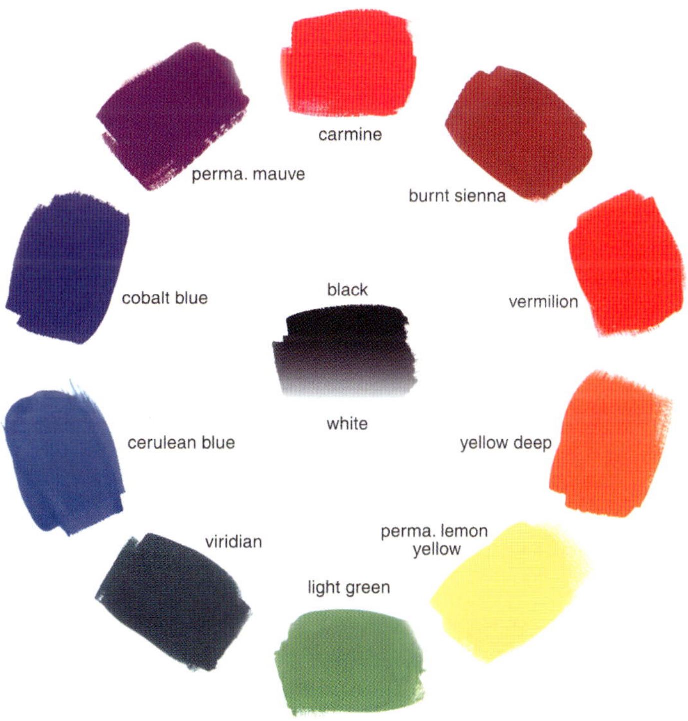

Ⅲ. 모발 염 · 탈색의 이해

L'ORÉAL
PARIS, 7 bis, rue du Louvre et 37, rue J.-Jacques-Rousseau.
LONDON, Belfast Chambers, 7, Beak Street, W. I.
NEW-YORK, Lebeau, 121 West 47 th. Street.
AGENTS GENERAUX & DEPOTS :
Algérie-Tunisie : LELLOUCHE FRERES, 42, Rue de la Lyre, Alger.
Amérique Centrale : Colombie, Panama, Venezuela, Guatemala, Guyane, Cuba : MM LEVY Frères, 9, Rue du Château-d'Eau, Paris.
Autriche allemande : Adolf NEFZGER, Seilergasse 14, Wien I
Brésil : Cia Brazileira Commercial e Industrial, 33, rue Boissy-d'Anglas, Paris.
Canada : ANGLO-AMERICAN Agencies Ltd, 22 St-John Street, Montreal.
Côte du Pacifique (Chili, Pérou, Equateur, Bolivie) : Valentin SEGUINIOL, Santiago-de-Chili.
Hollande : Rien WERNEKINCK, 105, 1e Jan v. d. Heidjenstraat, Amsterdam.
Italie : Alberto BELFIORE, Via Bertola 20, Turin
Mexique : COMPANIA PROVEEDORA, Mexico
Maroc : CHAUMONT, Institut de Beauté, Casablanca.
Orient : GEOHAMY, 43, Avenue Saint-Mandé, Paris.
Extrême-Orient : Robert DALTROFF, 8 bis, Rue Martel, Paris.
Rép. Tchéco-Slovaque : Bohumir FOLKERT, Cerchovská 10, Král-Vinohrady, Prague
Suisse : TSCHANZ, 6, Rue Pré Naville, Genève.
Russie et Pologne : A. ZDRZALIK KOWALSKY
d'OR
Pour Blondir

제3장 모발 염 · 탈색의 이해

1. 모발 염색의 역사

염색은 흰머리를 본래의 색으로 만들고자 하는 욕구에서 비롯되었지만 최근에는 머리색을 다른 색상으로 바꾸어서 좀 더 자신을 아름답게 보이도록 하고자 하는 경향이 나타나고 있다. 또한 줄무늬 염색이나 일부분만 염색하는 특수 염색 등을 통하여 개성미를 나타내거나 무대위의 특수 분장에 이용되기도 한다.

모발 염색의 역사는 아주 오래 전부터 시작되었는데 고대 이집트인들은 눈 화장을 짙게 하고 손과 발에 물을 들이기도 하였는데 열대성 식물인 헤나의 잎을 건조시켜 얻은 분말로 머리카락을 적갈색으로 염색했다는 기록이 있으며, 선인장의 열매, 각종 식물의 즙을 추출해 사용하기도 하고 케르메스(연지벌레를 말려 만든 홍색염료), 황토, 백토, 혹은 돌가루를 이용하기도 했지만, 이는 모발에 다른 색을 연출하면서 계급을 분류한 것으로 예측해 볼 수 있다.

또한 흰머리를 커버하기 위해 검은 암소의 피와 거북이 등껍질 등을 사용했다는 기록이 있으며, 기원전 3천년 경의 미이라에서도 수염이나 모발에 식물의 잎을 이용해서 물을 들인 흔적을 찾아볼 수 있다.

그림 3-1 이집트여성들의 헤어스타일

그리스와 로마의 신화에서 여신들이 금발로 묘사된 것처럼 그리스와 로마의 여성들은 금발을 신의 은총으로 여겼기 때문에 금발을 선호하여 자연광에 의한 탈색 방법을 시도하였으며, 로마의 여성들은 염소의 기름, 딱총 나무의 종유, 물푸레나무의 재를 사용하여 모발을 염색하기도 하였다. 남성들의 경우에도 납염 또는 호두의 속껍질 등을 사용하여 검은색으로 염색하였다고 한다.

중세 여성들은 카모마일, 안티몬, 인디고, 헤나 등 식물의 잎을 갈아서 뜨거운 물과 향신료, 오일을 사용하여 팩을 만들어서 머리에 도포한 후 뜨거운 태양 아래 앉아 자연 산화에 의한 모발색의 변화로 염색의 가치를 발견하게 되었다. 붉은 빛이 도는 베네치안 금발은 나트륨을 기초로 한 재료를 이용하여 모발을 감은 다음 햇빛에 말려 탈색을시켜 얻었는데 그 시대에 선풍적인 인기를 끌게 되었다.

그림 3-2 베네치안 금발

그러나 모발염색이 본격적으로 미용의 한 부분으로 차지하게 된 시기는 19세기에 들어서면서부터였다. 오늘날 사용하는 현대적인 염모제의 기원은 1863년 독일의 호프만에 의해 파라-페닐렌디아민(p-Phenylenediamine)이 개발되면서 가능하게 되었다. 그 후 1924년에 미국의 에반스에 의해 파라-톨루엔디아민(p-Toluenediamine)이 개발되었다. 파라-페닐렌디아민은 초기에는 유럽에서 염모제에 널리 사용되었으나 이후 피부에 알러지를 유발한다고 알려지면서 대신 파라-톨루엔디아민이 사용되고 있다. 그러나 이러한 안전성의 문제에도 불구하고 우수한 염색 효과로 인하여 우리나라와 미국, 일본에서는 지금까지 염모제에 널리 사용되고 있다.

제2차 세계 대전 후 미국에서 멋내기 염색이 유행하여 모발 염색의 새로운 패러다임이 열려 현재에 이르고 있다.

우리나라에서는 고려시대에 모발을 염색했다는 기록이 있으며, 창포물에 머리감는 풍습을 그린 '단오도'에서도 보여 지듯이 오래전부터 모발을 관리하고 꾸미는 것에 관심이 많았다.

그림 3-3 단오도

화학 염모제가 사용된 시기는 1950년대 후반이며 끓여서 사용하는 염모제가 시판되었다. 그만큼 모발은 높은 관심 거리였다. 염색과 퍼머넨트가 행해지는 시대에 건강한 머릿결을 원하였고, 모발을 세척 후 건조시키기 전에 사용하는 머릿기름이 생산되었다.

1980년대에 외국 헤어 전문 브랜드 염모제가 국내에 수입되었고, 중반부터 미에 대한 관심이 고조되면서 백모 염색이 컬러의 주류를 이루던 것에서 벗어나 모발에 패션 컬러를 시술함으로 헤어 컬러가 각광받기 시작했다.

1990년대 초에 들어서면서 연예인들 중 '서태지와 아이들' 처럼 힙합과 랩 문화를 도입하면서 그에 상응하는 헤어 스타일이나 컬러가 유행함으로써 급격히 염색이 유행하기 시작하였다. 색상도 4~8가지 정도였으나 1990년 후반으로 가면서 25~35가지의 색상으로 늘어났으며 더 다양한 외국 브랜드의 염모제가 들어오기 시작했다. 21세기를 접어들면서 헤어 스타일에 있어서 비자지즘(형태학적인)적인 면이 강조가 되면서 커트는 디스 커넥션 커트가, 염색은 멀티 컬러링이 큰 흐름의 경향을 나타내고 있다.

헤어 스타일은 단순한 한가지의 테크닉만을 사용하는 시대는 사라지고 개성 표현 수단으로 하이 테크놀러지가 필요한 시대가 되었음을 의미한다.

표 3-1 화학 염모제의 발달

연 도	내 용
1818년	쟈크 테나르에 의해 과산화수소 발견
1863년	호프만에 의해 파라페닐렌디아민 개발
1883년	p-phenylendiaman(PPDA)를 이용한모발 염색 시도
1907년	모네에 의해p-phenylendiaman를 이용한 모발염색 기초마련
1925년	프랑스 화학자 유젠슈엘르의 모발을 위한 합성염모제 개발
1936년	크림타입의 염모제 출시
1955년	흰머리 커버력이 향상된 염모제 출시
1960년	1제와 2제를 물에 타서 사용하는 염모제 출시
1970년	각 나라의 모발타입에 따라 다양한 시리즈의 염모제 출시
1980년	가정용 염모제와 프로페셔널 염모제로 구분되어 시장이 세분화
1990년	10여종에 불과한 염모제의 색상이 40여가지로 발달

2. 모발 염 · 탈색의 개념

모발 염색은 모발에 함유된 멜라닌 색소의 양에 따라 결정되기도 하지만 모발염색을 행하는 미용사의 기능에 의해서도 좌우되며, 염모제의 종류와 약제의 성분에 따라 다를 수도 있으나 시술자의 모발 염색에 대한 올바른 이해도에 따라 해결 될 수 있는 사항이다. 즉 모발의 색상을 변화시키지만 염색의 기본 원리와 탈색의 기본원리를 인지하고, 시술 시 모발 손상을 최소화하는 것에 목적을 두어야 한다.

모발 염색은 일반적으로 모발의 자연적인 색소(멜라닌 색소)를 화학 물질에 의해 제거시키는 방법으로 자연모 색에 변화를 주는 탈색의 개념과, 멜라닌색소를 제거하면서 동시에 인공색소를 투여하는 방법으로 색을 표현하는 산화 영구염색으로 나눌 수 있지만 화학적인 반응은 크게 다르다.

1) 자연모의 기본색과 반사색

(1) 자연모의 레벨(Level of virgin hair, 내추럴 컬러)

모발의 자연색은 멜라닌 색소의 양과 분포에 따라 결정되는데 모발의 자연색은 색의 불투명도에 따른 색의 톤과 색광의 다양성에 따른 반사색에 의해 특성을 갖게 된다. 자연모의 레벨은 보통 염모제의 컬러차트 기본색(내추럴 컬러)과 동일하게 인식한다.

모발의 자연색을 구성하고 있는 멜라닌 색소들은 모발의 톤에 따라 농도와 양이 다양한 색들로 구성되어 있으며, 모발색도 검은색(아주 탁하고 어두운 갈색 뉘앙스)에서 갈색을 거쳐 금발(밝고 부드럽고 연한 뉘앙스의 갈색)까지 다양하나 모든 모발의 색은 갈색의 뉘앙스를 갖고 있다.

표 3-2 자연모 레벨

	자연모 레벨(내추럴 컬러)	자연모 레벨
10.00	백금색	
9.00	아주 밝은 황갈색	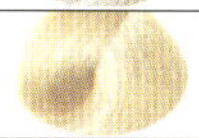
8.00	밝은 황갈색	
7.00	황갈색	
6.00	어두운 황갈색	
5.00	밝은 갈색	
4.00	갈색	
3.00	어두운 갈색	
2.00	아주 어두운 갈색	
1.00	흑색	

자연모의 색상은 같은 레벨대에서 비슷한 색으로 보일 수도 있지만 멜라닌의 양과 분포가 다르기 때문에 같은 염모제로 동일 시술 시에 다른 결과가 일어나기도 한다. 이러한 모발의 색을 나타내는 단어는 국가에 따라 다양하므로 모발의 톤을 검은색에서 백금색까지의 10단계 혹은 15~20 단계로 나누어 숫자화 하였으며 국제적으로 통용되도록 하였다. (표 3-2처럼)평균적으로 10단계로 구분하여 사용한다. 이는 모발의 염색 시술 시 다양한 제품에서의 기본색과 반사색의 선택에 도움을 준다.

<모발의 톤>

2) 염모제의 반사색

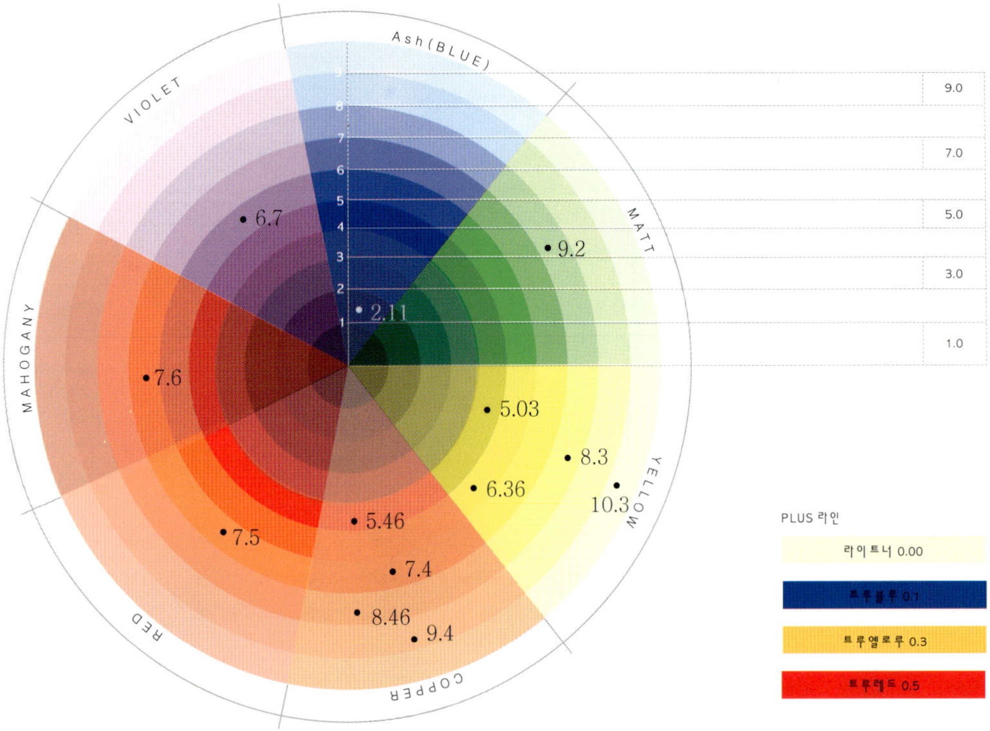

모발은 3원색(빨강, 노랑, 파랑)의 각각의 다양한 조합에 의해 형성된 반사색을 갖는데 조명보다 햇빛 아래서 뚜렷이 나타난다. 반사색은 숫자 표기나 색의 영문 앞 글자를 이용해서 표기하는 것이 대부분이다. 이것은 제품 회사에 따라 약간의 차이를 보인다.

예를 들면 웰라사의 반사빛은 숫자로 표기한다.
/1(Ash) /11(Cobalt Ash Blond) /2(Matt) /3(Yellow) /34(Orange Brown)
/4(Red Brwon) /44(Red Copper) /45(Red Mahogany) /5(Red Violet)
/6(Blue Violet) /7(Gold Brown) /8(Pearl) /88(Blue Silver)
여기에 추가적으로 믹스톤(Mix Tone)이 있다. 이것은 0/2(녹색), 0/3(황색), 0/4(적색) 0/8(파란색)이 있다.
이 믹스톤은 색소들로 이루어져 있어 염모제의 색상 연출 시 첨가 색소로 쓰인다.
로레알사는 .1(잿빛) .2(보랏빛) .3(금빛) .4(구릿빛) .5(자주빛) .6(적빛) .7(매트)로 표시하고, 아모스사는 G(Gold) Y(Yellow) R(Red) C(Copper) M(Matt) V(Violet)로 표시하기로 한다.
ICC(국제 컬러 코드 시스템)각 사의 차트에 7/3 혹은 7.3 혹은 7/Y로 표시되어 있는 것들은 7번 명도에 각각 반사빛이 골드를 가지고 있는 것들을 의미한다. 이 표시를 읽을 때는 '금빛 황갈색' 이라고 하며 반사색을 읽고 명도를 읽는다. 이것이 ICC(국제 컬러 코드 시스템)의 명명법이다.

위의 차트들을 유심히 보면 웰라사는 11번이 로레알사는 12, 13번이 웰코스사는 11, 12 ,13 ,14 ,15번들이 있다. 이것들은 명도를 지칭하는 것이 아니고 1~10번을 갖은 제품들 이외에 리프트(lift) 효과를 더 갖고 있는 염모제 들이다. 1~10번의 숫자를 갖은 염모제 들이 20Vol 산화제와 믹스하면 2레벨 업(Lerel up)하지만 그 이외의 11, 12, 13, 14, 15 등과 같은 리프트(lift) 역할을 하는 염모제와 믹스되어 자연모에 도포되면 최대 4레벨 업까지 가능하다. 이것을 하이 리프트 틴트(High Lift Tint)라 한다.

단독으로 사용하기도 하고 1~10명도를 갖은 제품들과 믹스해서 사용할 수 있으므로 3~4명도 정도 레벨 업 하는 것은 아주 편리해졌다.

반사색은 모발색의 톤을 변형시킬 수는 없으나 시각적으로 모발을 더 밝게 또는 더 짙게 보이도록 한다. 색상의 심리 작용에 보면 따뜻한 계열의 색은 본래의 색보다 조금 더 밝아 보이고 차가운 계옐의 색은 본래의 색보다 조금더 어두워보이는 특성이있다. 금빛 반사색은 약간 밝게 보이고 잿빛 반사색은 약간 어둡게 보인다. 즉 시각적으로 따뜻한 색 계통의 반사색은 1/2톤 정도 밝게 보이고 차가운 색 계통의 반사색은 1/2톤 정도 짙게 보인다.

짙은 황갈색(6)

1ton 잿빛 황갈색(6.1) : 황갈색 보다 1/2톤 어둡고, 어두운 황갈색보다 1/2톤 밝다.

황갈색(7)

1ton 금빛 황갈색(7.3) : 황갈색 보다 1/2톤 밝고, 밝은 황갈색보다 1/2톤 어둡다.

밝은 황갈색(8)

NATURAL .0	내 추 럴	자연스럽고 따뜻한 내추럴 계열의 색상이다.
ASH .1	잿 빛	차가운 세련미가 감도는 애쉬 계열의 색상이다.
MATT .2	매 트	자연스럽고 차분한 녹갈색 느낌의 매트한 계열 색상이다.
GOLD .3	금 빛	황금빛이 도는 화사한 골드 계열의 색상이다.
COPPER .4	구 리 빛	밝고 경쾌하며 해피한 오렌지 쿠퍼 계열의 색상이다.
RED .5	적빛	정렬적이고 자신감 넘치는 붉은색의 레드 계열 색상이다.
MAHOGANY .6	자 주 빛	기품있고 세련되어 보이는 적자색의 마호가니 계열 색상이다.
VIOLET .7	보 라 빛	신비스럽고 고급스러운 보라빛의 바이올렛 계열 색상이다.
PLUS LINE	플러스 라인	색감(명도, 채도)의 깊이를 조절하여 Creative Work을 제공하는 색상이다.

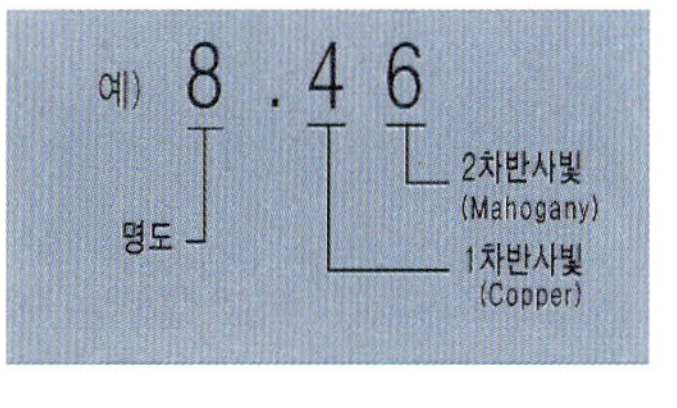

표 3-3 아모스의 반사색 숫자 표기

HUE / LEVEL	NATURAL .0	ASH .1	MATT .2	GOLD .3	COPPER .4	RED .5	MAHOGANY .6	VIOLET .7
10		10.1 Lightest Ash Blonde 가장 밝은 재색		10.3 Lightest Gold Blonde 가장 밝은 황금색				
9	9.0 Very Light Blonde 아주 밝은 황갈색		9.2 Very Light Matt Blonde 아주 밝은 녹색		9.4 Very Light Copper Blonde 아주 밝은 구리빛 황갈색			
8				8.3 Light Gold Blonde 밝은 황금색	8.46 Light Copper Mahogany Blonde 밝은 자주 구리빛 황갈색			
7	7.0 Blonde 황갈색				7.4 Copper Blonde 구리빛 황갈색	7.5 Red Blonde 적빛 황갈색	7.6 Mahogany Blonde 자주빛 황갈색	
6				6.36 Dark Gold Mahogany Blonde 어두운 자주빛 황금색				6.7 Dark Violet Blonde 어두운 보라빛 황갈색
5	5.0 Light Brown 밝은 갈색			5.03 Light Natural Gold Brown 밝은 자연 황갈색	5.46 Light Copper Mahogany Brown 밝은 자주 구리빛 갈색			
4								
3	3.0 Dark Brown 어두운 갈색							
2		2.11 Very Dark True Ash Brown 푸른빛 흑색						
1	1.0 Black 흑색							

PLUS LINE
0.00 Lightener 라이트너
0.1 True Blue 트루 블루
0.3 True Yellow 트루 옐로우
0.5 True Red 트루 레드

[염색 전 모발견본]

5레벨모

1.0 3.0 5.0 흰머리 염색

5.03 5.46 6.36 6.7 7.0 멋내기용 흰머리염색

LEVEL \ HUE	NATURAL .0	ASH .1	MATT .2	GOLD .3	COPPER .4	RED .5	MAHOGANY .6	VIOLET .7
10		10.1 Lightest Ash Blonde 가장 밝은 재색		10.3 Lightest Gold Blonde 가장 밝은 황금색				
9	9.0 Very Light Blonde 아주 밝은 황갈색		9.2 Very Light Matt Blonde 아주 밝은 녹색		9.4 Very Light Copper Blonde 아주 밝은 구리빛 황갈색			
8				8.3 Light Gold Blonde 밝은 황금색	8.46 Light Copper Mahogany Blonde 밝은 자주 구리빛 황갈색			
7	7.0 Blonde 황갈색				7.4 Copper Blonde 구리빛 황갈색	7.5 Red Blonde 적빛 황갈색	7.6 Mahogany Blonde 자주빛 황갈색	
6				6.36 Dark Gold Mahogany Blonde 어두운 자주빛 황금색				6.7 Dark Violet Blonde 어두운 보라빛 황갈색
5	5.0 Light Brown 밝은 갈색			5.03 Light Natural Gold Brown 밝은 자연 황갈색	5.46 Light Copper Mahogany Brown 밝은 자주 구리빛 갈색			
4								
3	3.0 Dark Brown 어두운 갈색							
2		2.11 Very Dark True Ash Brown 푸른빛 흑색						
1	1.0 Black 흑색							

PLUS LINE
0.00 Lightener 라이트너
0.1 True Blue 트루 블루
0.3 True Yellow 트루 옐로우
0.5 True Red 트루 레드

〔염색 전 모발견본〕

5레벨모

1.0 3.0 5.0 흰머리 염색

5.03 5.46 6.36 6.7 7.0 멋내기용 흰머리염색

표 3-4 웰라사의 반사색 숫자 표기

명도 \ 색상	NATURE SHADES		GREY FASHION SHADES					FASHION SHADES																
	Natural Brown	Natural Blond	Matt Brown	Yellow Brown	Warm Brown	Pink Brown	Beige Brown	Ash	Cobalt Ash Blond	Matt	Yellow	Yellow Gold	Orange Brown	Red Brown	Red Copper	Red Mahogany	Red Violet	Blue Violet	Pink Pearl	Gold Brown	Pearl Brown	Sherbet Brown	Pearl	Blue Silver
	0	00	02	03	04	05	07	1	11	2	3	33	34	4	44	45	5	6	68	7	71	74	8	88
SUPER SPECIAL LIGHTENING SHADES 1+3 14		14/00							14/11				14/34			14/45			14/68					14/88
SPECIAL BLOND SHADES 1+2 12		12/00						12/1																
11								11/1			11/3			11/4										
10	10/0	10/00														10/45			10/68		10/71 NEW	10/74 NEW		10/88
9		9/00	9/02	9/03	9/04	9/05	9/07			9/2	9/3	9/33		9/4	9/44					9/7				
8		8/00		8/03				8/1	8/11				8/34		8/44	8/45	8/5	8/6	8/68		8/71 NEW	8/74 NEW	8/8	8/88
7	7/0		7/02		7/04	7/05	7/07				7/3		7/34	7/4		7/45				7/7				
6		6/00		6/03	6/04			6/1										6/6					6/8	
5	5/0			5/03	5/04	5/05	5/07							5/4			5/5			5/7				
4																								
3	3/0																	3/6						
2	2/0				염색 전 모발견본											INTENSIVE RED								
1	1/0	MIX TONE			(좌) 백 모 | 탈색모 (우)											44/65	55/44	55/46	66/44	66/46				
0		0/00								0/2	0/3			0/4									0/8	

표 3-5 로레알사의 반사색 숫자 표기

레벨명	레 벨	.0 반사빛 없음	.1 잿빛	.2 보라빛	.3 금빛	.4 구리빛	.5 자주빛	.6 적빛	.7 매트
매우(아주아주) 밝은 갈색	13								
아주 밝은 갈색 (자연모 도포시)	12		12.1		12.3	12.4	12.5		12.7
아주아주 밝은 황갈색	10		10.1	10.21					
아주 밝은 황갈색	9				9.3 9.03				
밝은 황갈색	8		8.1		8.3	8.45			
황갈색	7				7.3	7.40(R) 7.43 7.44			
어두운 황갈색	6		6.1	6.26	6.35	6.45	6.52	6.60 6.62 6.64(R) 6.66(R)	
밝은 갈색	5	5.0		5.2 5.20(R)	5.3		5.5	5.62(R) 5.64(R)	
갈 색	4	4.0		4.20(R) 4.26	4.3	4.42 4.45	4.56		
어두운 갈색	3	3.0							
아주 어두운 갈색	2		2.10						
흑 색	1	1.0							

표 3-6 웰코스의 반사색 숫자 표기

레벨명		내츄럴 (Natural)	그레이 패션 (Gray Fashion)		패 션 (Fashion)							
		내츄럴 0	마일드 03	웜 04	애쉬 1	매트 2	옐로우 3	레드 4	마호가니 5	블루 6	골드 7	펄 8
15	톤-업							TU				
14	울트라 밝은황갈색											
13	슈퍼밝은 황갈색	13/0										
12	가장밝은 황갈색							12/4				
11	매우밝은 황갈색				11/4		11/3					
10	아주아주 밝은황갈색						10/33					
9	아주밝은 황갈색					9/21	9/3	9/4				
8	밝은 황갈색		8/03					8/45				8/8
7	황갈색			7/04			7/3, 7/34					
6	어두운 황갈색								6/5			
5	밝은갈색	5/0	5/03									
4	갈색					4/2			4/56			
3	어두운 갈색	3/0										
2	아주어두운 갈색	2/0										
1	흑색	1/0										

3) 모발 염색의 원리

모발염색은 자연모의 멜라닌 색소를 인위적으로 제거(탈색)하고 인공색소를 침투시켜 착색시키는 과정(발색)을 의미한다.

염모제는 1제와 2제로 나누어져 있는데 1제는 인공색소(염료), 알칼리성 성분(암모니아), 트리트먼트 성분 등이 주요 구성요소이고 2제는 과산화수소로 구성되어진다. 1제의 주성분인 암모니아가 침투하여 모표피를 팽창시켜 색소와 그 밖의 성분들을 침투시키고, 2제의 과산화수소수는 모피질 층의 멜라닌 색소를 산화하여 탈색시킨다. 동시에 1제와 2제의 혼합으로 중합반응을 일으키며 활성화된 색소는 입자가 커지게 되고 모발에 탈색과 발색 효과를 주어 모발의 색을 변화시켜 착색되도록 하는 것이다. 요약해서 순서를 본다면 염모제 도포->팽윤연화->탈색과 발색(산화와 중합반응)->염색 완성

4) 모발 탈색의 원리와 블리치 레벨

자연모의 멜라닌 색소가 탈색 되어가는 과정은 파란색이 제일 먼저 사라지고 적색과 황색만 남는다. 붉은색이 가장먼저 보이고 다음으로 붉은 오렌지, 서서히 오렌지색에서 점차 붉은색이 제거되면 노랑으로 변화한다. 여기서 부터 시간이 더 지나면 백금색이 된다. 블리치(=탈색)레벨은 따뜻한 계열의 색상으로 이루어 졌음을 알 수 있다. 그러므로 블리치 레벨이란 자

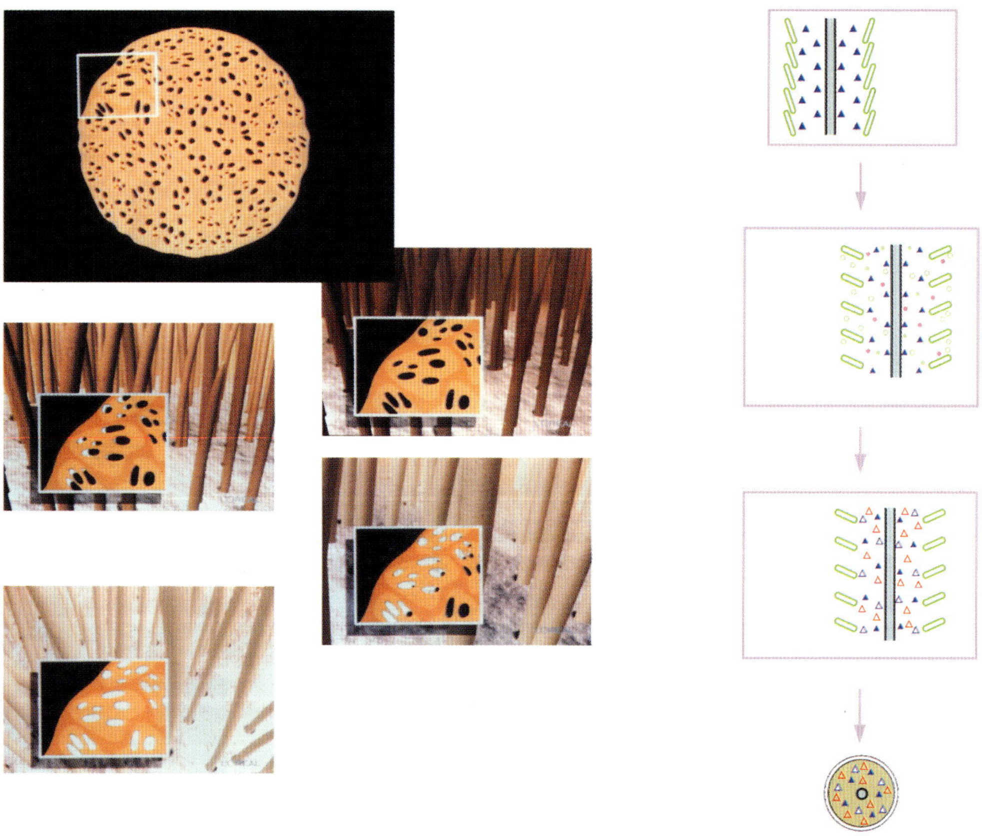

그림 3-4 모피질의 멜라닌 색소 산화과정

연모에서 멜라닌 색소가 사라져 가면서 남겨지는 색소들이 시각적으로 보여 지는 것으로, 단계별로 구분하여 블리치 레벨로 규정한 것이다.

모발의 색이 밝아지는 것은 자연적인 산화 이거나 화학적인 산화작용에 의해서 일어난다. 자연적인 탈색은 물, 바다, 태양, 바람은 모발을 약간 밝게 만들 수 있다.물과 바닷물은 모발을 팽창시키고 바람속의 산소와 자외선의 활성화된 산소 분자가 모발 속으로 침투하여 조금씩 멜라닌색소를 산화함으로써 모발이 밝아지게 된다. 이것이 자연적인 탈색이다. 여기에서 가장 중요한 요인은 산소이다. 화학적인 탈색은 인공적으로 모발을 밝아지게 하는 제품으로 멜라닌에서 푸른색 색소가 사라지고 남은 멜라닌 색소의 변화 과정(빨강-오렌지-노랑-아주 밝은 노랑)을 표현 할 수 있다.먼저 멜라닌 색소의 입자형 색소(granular pigment)가 점차 사라지고 다음의 분사형 색소(diffuse pigment)가 제거 되는 것이다. 이런 과정을 통해서 모발이 밝아지게 하는 과정을 '인위적인 탈색'이라고 한다.

탈색제는 모발에 따라 다르지만 자연모 베이스에서 4-7레벨까지 밝게 탈색 시킬 수 있다. 원하는 블리치 레벨이 나오지 않았을때는 탈색제를 씻어내고 재 도포한다.

표3-7 자연모레벨과 블리치 레벨

	자연모 레벨	자연 레벨	블리치 레벨	블리치 레벨
10.00	백금색		아주밝은노랑	
9.00	아주 밝은 황갈색	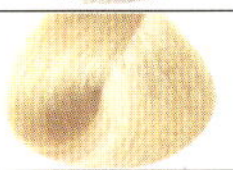	밝은노랑	
8.00	밝은 황갈색		노랑	
7.00	황갈색	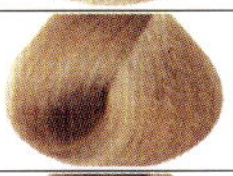	노랑오렌지	
6.00	어두운 황갈색	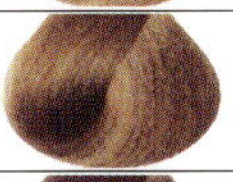	오렌지	
5.00	밝은 갈색		붉은오렌지	
4.00	갈색	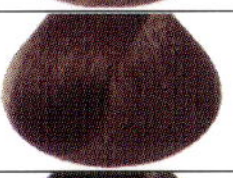	빨강	
3.00	어두운 갈색	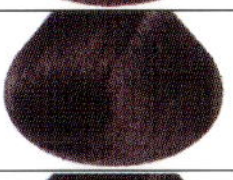	빨강	
2.00	아주 어두운 갈색	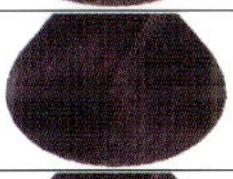	빨강	
1.00	흑색	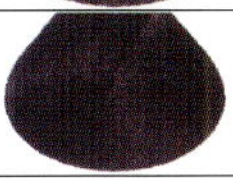	빨강	

5) 모발 염 · 탈색 시술 순서

(1) 상담(Counseling)

염색 시술 전 고객과의 상담은 매우 중요하다. 상담을 통해 고객이 원하는 색상, 취향, 직업, 성격, 생활습관, 이미지 등을 파악할 수 있으며 이전의 헤어컬러링 경험을 청취함으로써 모발 진단에 도움을 주어 효율적인 작업 진행 및 결과를 얻는데 결정적인 역할을 한다. 고객과의 상담은 고객의 개성, 활동성, 얼굴 모양과 피부색, 눈동자와 눈썹의 색, 취향, 나이, 직업 등에 관한 정보를 숙지하는 과정이므로 잘 청취하고 고객 기록카드에 자세히 기록한다.

가) 목적

- 고객의 취향 및 원하는 컬러와 싫어하는 컬러를 파악한다.
- 컬러링 경험, 현재 헤어컬러링 상태 등을 청취, 파악함으로써 작업 내용을 결정한다.
- 피부색조, 연령, 생활습관을 파악하여 컬러 및 디자인 결정한다.
- 두피 건강상태(자각증상), 알레르기 경험 등을 청취하여 미리 처치 후 시술한다.
- 시술하고자 하는 희망색을 미리 설명하고 이해를 도와 결과 색상에 만족할 수 있도록 한다. 컬러의 반사색을 잘 유지하면서 스타일을 연출할 수 있는 관리 요령에 대하여 조언한다.

나) 방법

- 상담 장소는 되도록 자연 조명이 밝은 곳에서 상담함으로써 정확한 색상파악이 가능하도록 한다.
- 고객의 마음과 디자이너의 권장 색상등이 정확하게 전달되고 이해 될 수 있도록 컬러 챠트, 컬러 책, 잡지, 거울 등이 준비된 곳에서 상담한다.
- 자연 조명이 밝지 않을 경우 백열등이 고객 앞에 놓이고 디자이너 뒤에 형광등이 있도록 빛을 조절하여 반사색에 의해 색상파악에 장애가 되지 않도록 한다.

(2) 패치테스트(Patch test, 첩포시험)

염 · 탈색제에 대한 피부의 알레르기 반응 검사로 모발 염 · 탈색 시술 전 24~48시간 전에 행해야 한다. 이 테스트에서 음성 반응이 보이면 모발 염 · 탈색 시술을 할 수 있으나 붉게 부어오르거나, 가렵다거나 하는 양성반응을 보이면 염료를 사용해서는 안된다. 시술 도중 이러한 반응을 보일 때에는 즉시 염모제를 닦아내고 물로 씻어내야 한다. 민감성 피부일 경우 충분한 상담을 하고 사전에 테스트를 하는 것이 바람직하다.

▶ 시술 방법

① 귀 뒤에서 헤어 라인이 있는 곳 혹은 팔의 안쪽 등 부드러운 부위를 시험부위로 선택한다.

② 동전 크기만큼의 부위를 청결하게 씻는다.

③ 시험 부위에 물기가 없도록 건조시킨다.
④ 시술 할 염모제를 조제하여 용기에 준비한다.
⑤ 시험부위를 소독된 면솜으로 시험 용액을 묻혀 바른다.
⑥ 24~48시간 자연방치 한다.
⑦ 시험 부위의 반응을 관찰 한다.
⑧ 결과를 고객 관리 카드에 기록한다.

(3) 두피 진단

염모제 및 탈색제에는 제품에 따라 pH9~12 수준의 알칼리 성분, 과산화수소 및 다양한 화학제품이 포함되어 있으므로 두피나 헤어라인 주변에 상처, 염증 등이 있는지 확인해야 한다. 만약 고객의 두피에 상처나 염증이 있을 경우 시술자는 고객에게 이를 알리고 무리한 시술로 인한 피해를 사전에 예방하도록 한다.

시술 도중에 알레르기 반응이 나타날 경우 즉시 염모제를 닦아내고 물로 씻어내야 한다.

또한 전염성 질환을 가지고 있는 고객의 경우 의사에게 의뢰하고 질환이 회복된 후에 시술한다.

(4) 모발진단

모든 미용시술은 모발진단을 얼마나 정확하게 하느냐가 관건이다. 살펴보고(시진), 꼼꼼하게 만져보고(촉진), 성실한 고객과의 대화(문진)를 통해 다음과 같은 판단을 할 수 있다.

가) 다공성 검사

모발의 건강도를 측정하는 방법으로서 염색제가 모발에 얼마나 빨리 흡수되는가를 판정하고 또한 모발의 상태가 시술에 적합한지를 측정하기 위한 방법이다. 저항성모의 경우 모표피의 보호막이 매우 건강한 상태로 염색제의 흡수가 매우 느리나 다공성모는 염모제의 흡수가 빠른 반면 색소가 빨리 빠져 나와서 퇴색이 쉽기 때문이다. 만약 모발의 손상이 심한 경우 탈색제나 영구 염색제의 사용보다는 모발 손상이 적은 반영구 염모제 및 식물성 염색제의 사용을 권장해야 할 것이다.

▶ 검사 방법

① 약 20가닥의 건조된 모발을 엄지와 검지 사이에 쥔다.
② 모선 끝에서 모근 방향으로 엄지와 검지를 밀면서 모표피의 질감을 검사한다. 다공성모발의 경우 모발이 많이 엉키고 거친 느낌이 있다.

나) 탄력성 검사

모발이 인공색소를 모피질내에 안착시킬 수 있는 능력을 측정하는 것으로서 궁극적으로는 모피질의 건강 정도를 측정하는 것이다.

▶ **검사 방법**

① 모발 한 가닥을 잡고 늘려 본다.

② 정상적인 건조 상태에서 모발은 약 10~15%의 탄력성을 보인다. 만약 탄력성이 저조하고 모발이 쉽게 끊어진다면 모발 손상이 있는 것으로 간주한다.

다) 색상검사(스트랜드 테스트)

계획한 염색법의 색상 확인 및 적합성을 사전에 검사하는 방법으로 고객의 모발에 어떤 사전 염색을 시행하였는지 모를 때, 시술 결과에 대하여 확신이 들지 않을 때, 전체 시술에 들어가기 전 모발을 소량 채취하여 계획하고 있는 염색 방법으로 시술을 하여 결과를 사전에 확인하는 것이다.

▶ **검사방법**

① 네이프 부분의 모발을 소량 커트하여 준비한다.

② 계획하고 있는 염색 방법을 사용하여 준비된 모발에 시술한다.

③ 시술 후 결과가 원하는 상태로 나올 경우 전체 시술을 시작하고 만약 그렇지 않을 경우 고객에게 보여준 뒤 다시 시술에 대한 상담을 하여 재 계획한다.

라) 상반성 검사

영구 염색제나 탈색제의 경우 과산화수소를 이용한 산화 과정이 모발 내에서 일어나게 된다. 만약 고객이 금속염이 함유된 제품을 사용하였다면 모발 내의 금속염과 산소가 만나서 산화를 일으키게 되고 결국 모발은 붉은 갈색이나 녹색으로 변하면서 부스러진다. 그러므로 영구 염색 및 탈색 시술 전에 모발 내 금속염이 들어 있는지를 확인하는 것은 필수이다.

▶ **검사방법**

① 펌제 1제와 염모제 2제를 1:20 비율로 혼합한 뒤 채취한 모발을 30분간 담가둔다.

② 용액에 공기방울이 생기거나, 모발에 열이 나거나, 색상 변화가 있을 경우 모발에 금속염이 있는 것으로 판정한다.

마) 자연모와 기염모의 명도 진단

완전히 건조된 상태의 모발에서 스트랜드를 선택하여 들어올린 다음 세심하게 관찰하는데 확신이 없거나 애매한 명도인 경우 염색 차트의 기본색(내추럴 컬러)과 비교하여 분석한다. 기염모의 명도는 반사색의 퇴색 정도가 명도 측정에 영향을 주므로 염색 차트와 잘 비교하고 평상시에 퇴색해가는 과정을 유심히 관찰해야 한다.

바) 반사색 진단

반사색은 개인의 라이프 스타일에 따라 퇴색의 정도에 차이가 있으므로 블리치 레벨과 반사색의 퇴색 정도를 확실히 인식해야 한다. 처음에는 염색차트에 기준을 두고 색을 인식해 가겠지만 오랜 훈련에 의해 반사색의 진단이 빨라질 수 있다.

(5) 고객카드 작성

표 3-8 고객 카드

진단서(diagnosis form)

성명(name) :	날짜(date) :	
연락처(tel) :		
시술자(technician) :		
모발의 내추럴 베이스(natural base of the hair) :		
신생부의 길이(length of regrowth) :		
기염부의 길이(length of coloring hair) :		
백모분포정도 % of whith hair	□ −50%	□ +50%
길이의 끝 부분의 색조(reflects on lengths and ends) :		
원하는 색상(desired color) :		
적용될 색상의 선택(choice of color applied) :		
산화제의 선택(choice of oxydant) :	□ 10vol	□ 20vol
길이의 민감도의 정도(degree of sensitisation) : 약하다(week) □	보통(average) □	강하다(strong) □
시술전 테크닉(technique before application) :		
혼합(mixture) :		
모근부분 시술 방치시간(root application develoment time) :		
길이 시술 방치시간(lengths application develoment time) :		
미용실에서 사용된 헤어케어(hair care applied in the salon) :		
홈케어 어드바이스 : (recommended beauty follow−up) :		

(6) 염모제의 선정 및 도포

① 모발 염색 및 탈색 디자인이 결정되면 컬러챠트를 참고하여 원하는 색상을 선정한다.
② 염모제 1제와 2제를 각 회사의 혼합비율에 따라 시술 직전에 혼합한다.
③ 멋내기 염색, 백모 염색, 재 염색 등 염색의 종류에 따른 도포테크닉에 따라 혼합된 염모제를 도포한 다음 방치시간을 둔다.
④ 소량의 모발을 티슈나 타올을 이용해 닦아내고 원하는 결과의 색상이 나왔는지 확인한다.

①

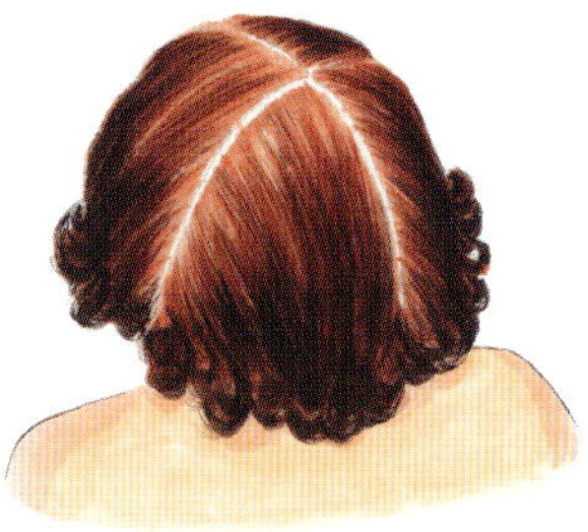

②

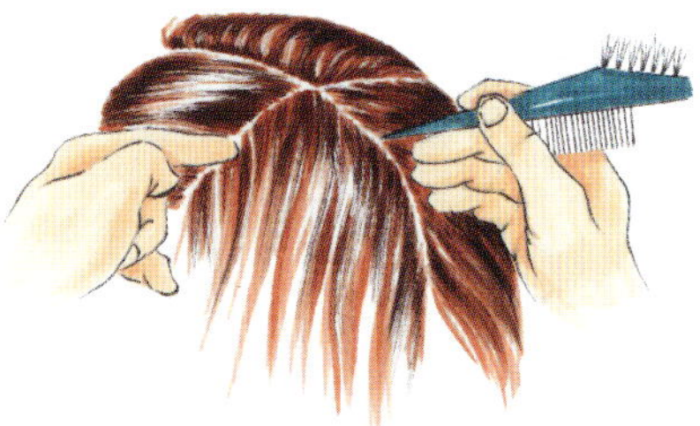

③

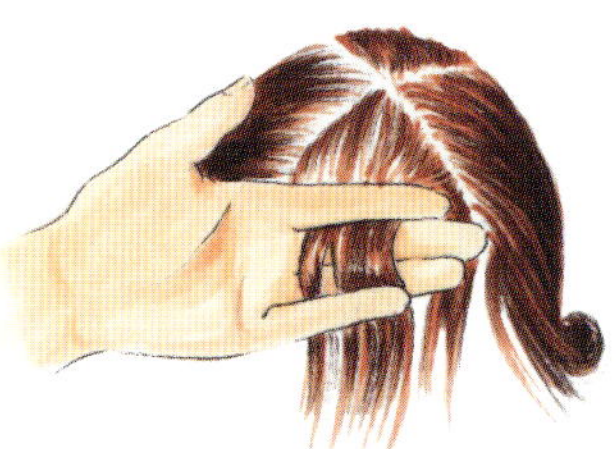

④

⑤

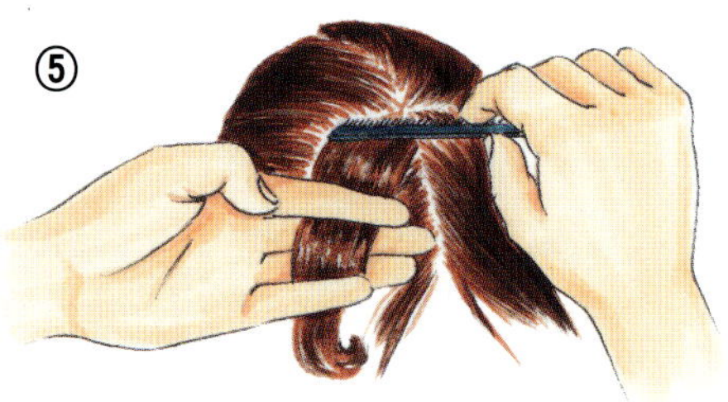

⑥

⑦

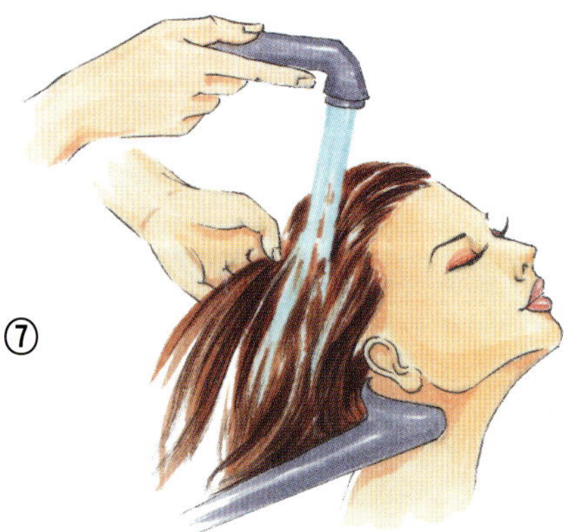

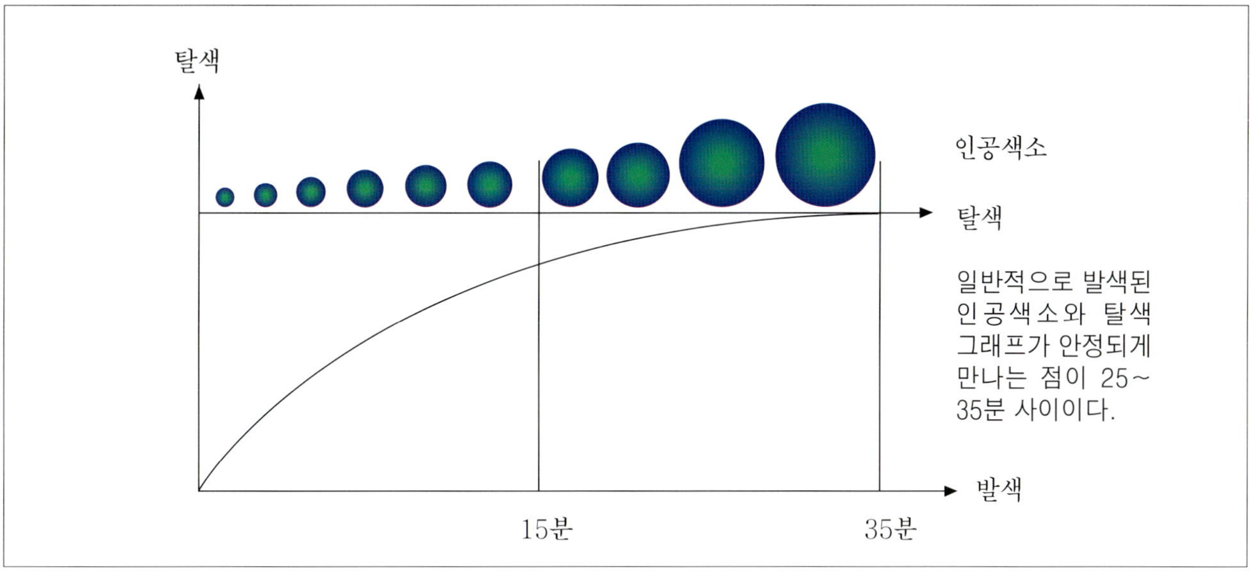

그림 3-5 탈색과 발색의 작용시간

(7) 액상화(Emulsion)

염모제가 도포된 모발에 샴푸하기 전 과정으로 모발에 완전한 염색이 되게 하고 윤기를 주기 위해 필요한 간단한 시술이다.

① 염색제가 도포 된 모발의 두피부분을 부드럽게 마사지하듯이 문지르고 머리카락을 길이 방향으로 마사지한다.

② 물을 가볍게 적시고 ①과 동일한 방법으로 2-3회 반복한다. 거품이 일도록 하여 염모제의 잔여물이 제거되도록 한다.

③ 물로 충분히 헹구어 낸다.

(8) 샴푸 및 트리트먼트

염색 전용 샴푸를 사용하여 모발을 헹군 다음 트리트먼트제를 사용하여 모발의 손상과 퇴색을 막고 착색을 유지시킬 수 있도록 한다.

산성의 성질을 갖는 염색전용 샴푸는 산화염모제로 염색후 알칼리화된 모발을 다시 건강한 모발 등전점 상태로 돌려 놓는다.

6) 모발 염 · 탈색 시술 후 모발 및 두피의 관리

컬러의 퇴색을 느리게 하여 반사색을 건강한 머리결과 같이 유지하려면 홈 케어가 중요하다. 일반적인 염색모는 염색 전용 샴푸와 트리트먼트제를 사용하면 되지만 손상된 모발은 간충물질의 손상으로 인해 반사색의 유지가 힘들기 때문에 간충물질(Cell Membrane Complex)을 보충해 주어야 한다.

모발은 여러 겹의 세포층으로 이루어져 있는데 간충물질은 각 세포층을 접착제와 같이 연결해 주며 외부로부터 이물질 침입에 의한 모발의 손상을 막아주고 모발에 수분, 부드러움, 탄력을 준다. 건강한 모발은 피질 내부에 간충물질이 가득 차 있고 화학적 시술에 의해 간충물질이 빠져 나가면 모발이 손상된다.

미용시술 후에 CMC는 퍼머넨트웨이브를 유지시켜 주며, 모발 염색 시 염료를 고착시키고 퇴색되는 것을 막아 준다.

헤어 케어 제품에는 간충물질과 같은 성분으로 모발 보수제인 L.P.P(천연복합아미노산)가 함유되어 있는데 모발의 조성과 같은 아미노산 성분에서 만들어지므로 손상된 모발에 부족한 간충물질을 보급하여 모발에 윤기와 탄력을 준다.

표 3-9 간충물질(CMC)의 세 가지 기능

헤어 케어	모발에 수분을 공급하고 촉촉함 유지
퍼머넨트 웨이브	간충물질의 이동으로 웨이브 형성 및 유지
모발염색	색소의 확실한 고착 및 퇴색 방지

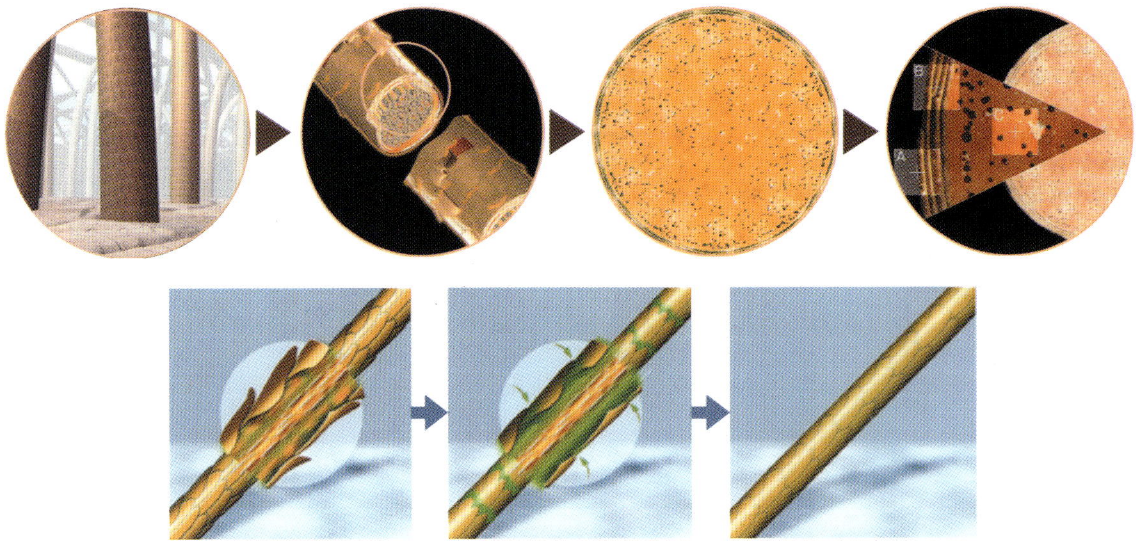

그림 3-6 모발 내부의 재구성과 큐티클층 보호

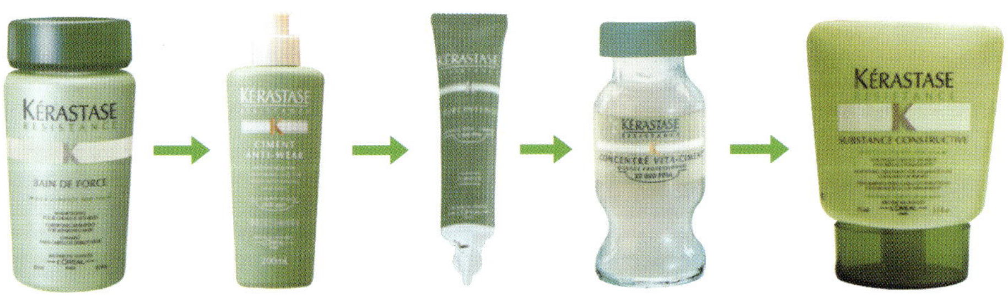

그림 3-7 손상된 모발을 위한 제품

3. 모발 염 · 탈색제의 구성성분

1) 염모제의 구성성분

(1) 염색제(1제)

* 산화염료 – 파라 페닐렌디아민, 파라 톨루엔디아민, 파라 아미노페놀 등 다양한 미 발현 색소(염료 중간체)가 있다.
* 알칼리제 –모발을 팽윤 연화시킨다. NH_3(암모니아), NaOH(수산화나트륨), M.E.A(모노에탄올아민)등 다양하며 모발에 잔류 알칼리가 가장 적은 NH_3(암모니아)가 가장 좋으나 자극적인 냄새가 나는 단점이 있다. M.E.N(모노에타놀아민)은 자극적인 냄새가 적은 장점이있고 모발에 잔류하는 단점이있다.
* 양모제–트리트먼트 성분으로 일반적인 수용성 단백질제를 사용하도하고 각 염모제 브랜드 회사마다 특화된 성분들을 가지고 있어서 염모제 브랜드 가치를 높이는 수단이 된다.
* 계면활성제–W/O혹은O/W를 혼합시키는 성질을 이용해 침투 촉진제로 사용한다.
* 산화방지제–산화 염료와 산화제가 혼합 후 너무 빠르게 산화되지 않도록 조절한다.
* 안정제–금속이온봉쇄제, 산화방지제
* 용해제–정제수 및 알코올류

표 3–10 산화염료와 모발의 색

산화염료	모발의 색
파라–페닐렌디아민	흑색
파라– 톨루엔디아민	다갈색~흑색
모노니트로– 파라– 페닐렌디아민	적색
파라– 아미노페놀	다갈색
O–아미노페놀	황갈색
파라– 페닐렌디아민 +파라– 아미노페놀	암갈색~적자색

(2) 산화제(2제)

* 산화제(과산화수소)
* 안정제
* 양모제
* 계면활성제
* 용해제

염모제 1제와 2제를 혼합하여 모발에 도포하면 알칼리제인 암모니아의 작용으로 큐티클이 열리고 디아민계 화합물이 모표피층으로 침투하여 과산화수소와의 작용으로 불용성 입자로 되어 염착을 일으킨다.

2제인 과산화수소는 멜라닌 색소를 파괴시키며 탈색을 진행시킨다. 모발 내부에 침투해있던 1제의 디아민계 화합물 색소가 파괴된 멜라닌 색소 자리에 안착 되어 발색 작용을 하게된다. 이러한 과정을 통해 염색이 모발에 표현되는 것이다.

▶ **과산화수소** ($2H_2O_2 \rightarrow 2H_2O + O_2$)

- 발생기 산소(O_2)를 발생시켜 멜라닌색소를 분해하고 탈색시켜서 새로운 모발 색상을 위한 바탕색을 만들어 준다.
- %는 과산화수소의 함유량이고, volume(vol)는 기체의 단위로 발생기 산소의 양이다.10vol은 10만큼의 산소를 발생시켜 1/2-1레벨 밝게하고, 20vol은 20만큼 산소를 발생하여 1-2레벨 밝게 한다. 나머지 산화제도 같은 원리이다.
- 과산화수소 3%는 6%의 과산화수소 1/2과 증류수 1/2를 희석하면 얻을 수 있다.
- 어둡게 염색하고자 할 때 또는 이미 모발이 퇴색되어 멜라닌 색소를 제거하고 싶지 않을 때 탈색 작용이 되지 않는 3% 산화제를 써서 모발손상을 줄일 수도 있다. 어둡게 할 때 2.5- 3%산화제를 꼭 사용해야하는 이유는 발생기 산소가 발색에 영향을 주기 때문에 산소가 없으면 발색을 볼 수 없다.
- 과산화수소는 크림타입(cream), 액상타입(liquid), 정제타입(tablet)

표3-11 과산화수소와 모발염 · 탈색

과산화수소 농도	밝기	손상도	용도	산소의 발생
12%(40volume)	강	강	4~5레벨 밝게 탈색, 백모 염색 사용 불가, 탈색제만 사용, 탈색시 열처리 불가, 탈색시 두피에 도포 1-1.5cm띄우고 사용	40ℓ 산소발생
9%(30volume)	중	중	2~3레벨 밝게 탈색, 백모 염색 사용 안 함, 산화 염모제와 함께 사용 가능	30ℓ 산소발생
6%(20volume)	중	중	1~2레벨 밝게 탈색, 백모염색, 본래 모발 보다 어둡게 염색할 때, 명도만 밝게 하고자 할 때, 산화염색에 일반적으로 사용	20ℓ 산소발생
3%(10volume)	약	약	레벨의 변화는 거의 없고 착색 효과만 가능, 본래 모발 보다 어둡게 염색할 때,	10ℓ 산소발생

*과산화수소수 1ℓ 기준

▶ **암모니아**($NH_3OH \rightarrow NH_3 + OH$)

- 휘발성이 강하고 물에 용해된다(암모니아+물=암모니아수)
- 모표피를 연화, 팽창시켜 준다.
- 과산화수소수의 산소 방출에 촉매역할을 한다.
- 무색의 자극성 냄새를 가진 기체로서 공기보다 가볍다.
- 저분자 화합물인 염료 중간체를 고분자 화합물로 크게 해주고 발색시키는 화학적 작용을 한다.

2) 염모제의 종류

(1) 유성 염모제

수지, 유지 또는 점착제와 색소를 혼합시켜 드라이한 모발에 도포, 분무하는 것으로 모표피에 부착되므로 모발 조직 내부에 침투하는 색소는 없다.

컬러스틱, 컬러무스, 컬러크레용, 컬러 파우더, 컬러 젤, 컬러 스프레이, 헤어 매니큐어 등이 있다. 사용이 간편해 누구나 사용할 수 있다는 장점이 있는 반면에 연속적인 사용으로 인해 모발 손상도가 커지며 모발조직 내부까지 침투시킬 수 없다는 단점이 있다.

(2) 식물성 염모제

역사 속에서 헤나의 잎이나 카밀레의 꽃을 원료로한 염모제처럼 식물성 염모제는 식물의 꽃, 열매, 뿌리, 껍질 등 의 색소가 큐티클에 염색되는 성질을 이용한 것이다. 헤나 잎을 건조하여 뜨거운 물에 반죽하고 퀸산, 아디핀산 등을 첨가하여 pH 5.5정도의 산성으로 하여 두발에 도포한다. 독성이나 자극성이 없어 안전하지만 색이 한정 되어 있고 공급량이 적은 단점이 있다.

2000년대부터 다시 헤나 염색이 각광 받고 있다. 식물성 염색의 장점이 있는 반면 컬러 체인지가 어려울 수도 있다.

(3) 금속성 염모제

금속성 염모제는 아연, 철, 카드뮴, 비스마스, 동 등의 염료가 있지만 이러한 금속은 철을 빼고는 대부분 유독한 성분을 가지고 있기 때문에 사용을 금하고 있다.

(4) 합성염모제

가) 산성염료(직접 염모제, 다이렉트 염모제, 코팅, 메니큐어)

산성 염료는 이온 결합의 원리에 의해 이루어진다. 모발은 손상이거나 수분에 젖은 상태일 때 마이너스 이온의 성질을 많이 띄게 된다. 여기에 양이온(양이온 중합체)를 도포하여 모발의 겉 표면에 부착되게 된다. 보다 높은 착색효과를 높이기위해서 산성 액을 뿌리고 사용하기도 한다.

산성의 성질인 모발의 모표피를 수축시키고 트리트먼트 성분을 흡착해 모발의 윤기와 감촉이 좋게 하는 헤어 컬러제이다. 피부에 묻으면 제거가 용이하지 않고 염색의 지속성이 산화염료에 비해 짧다는 단점이 있다.

그림3-8 산성염료의 종류

나) 산화염료

산화염료의 기본구성 원료는 제 1제에는 파라페닐렌디아민을 대표로 하는 방향족 아미노 화합물이 배합되어 있고 산화염료의 주원료이다. 이외에 색조에 변화를 주는 성분으로서 레졸신, 하이드로키톤 등의 타가페놀이 배합되어 있다. 이것들은 색조제 혹은 수정제라고도 한다. 또 산화방지제, 알칼리제 등의 기제가 보조제로서 배합되어 있다. 영구염모제로서 다양한 색상이 개발되어 현재 가장 많이 사용되고 있다.

그림3-9 산화염료의 종류

3) 탈색제의 구성 성분

모발탈색은 모피질속의 멜라닌 색소를 산화, 분해, 파괴하여 이것을 사라지게 하는 것으로 주로 과산화수소수가 많이 사용되는데 이는 멜라닌 색소뿐만 아니라 모발 케라틴을 파괴하기 때문에 모발을 손상시키게 된다.

(1) 탈색제의 구성 성분

* 촉진제(활성제 · 촉매제) - 탈색 작용을 활성화시킨다.
* 알칼리제 - 암모니아수, 탄산암모늄, 탄산마그네슘, 모노에탄올, 식물성 검(vagetable gum)등.
* 산화제 - 과산화수소, 과붕산염(과붕산나트륨,)
* 모발 보호제 - 젤, 크림, 오일
* 정제수-가열한 정제수에 암모니아를 제외한 각 원료를 혼합, 용해하고 냉각 후 암모니아수를 첨가한다.

강력한 탈색을 원할 경우 촉진제인 과황산암모늄과 과황산염류가 사용되어 산화 환원의 반응열을 이용하여 발열 효과를 두는 경우도 있으나 두피에 화상을 초래하므로 각별한 주의가 필요하다.

4) 탈색제의 종류

액상타입(liquid type) 분말타입(powder type) 크림타입(cream type) 오일타입(oil type)등이 있다.

그림 3-10 탈색제의 종류

4. 모발 염 · 탈색의 분류

1) 일시적인 모발 염색(Temprary color)

염료가 화학작용을 거치지 않고 모표피에 물리적으로 강하게 흡착되어 색소를 씌우는 것으로 자연모, 염색모, 탈색모 등의 자연 또는 인공적인 색상을 가볍게 수정하고 반사색을 갖도록 해주며 다음 번 샴푸 시에 사라진다. 모발의 상태를 구조적으로 변화시키지 않으면서 일시적으로 모발의 색을 수정해 준다.

암모니아와 산화제가 함유되어 있지 않으며, 컬러 샴푸, 컬러 린스, 컬러 스프레이, 컬러 마스카라, 컬러 파우더, 컬러 무스, 컬러 젤, 컬러 로션 등의 형태로 사용된다.

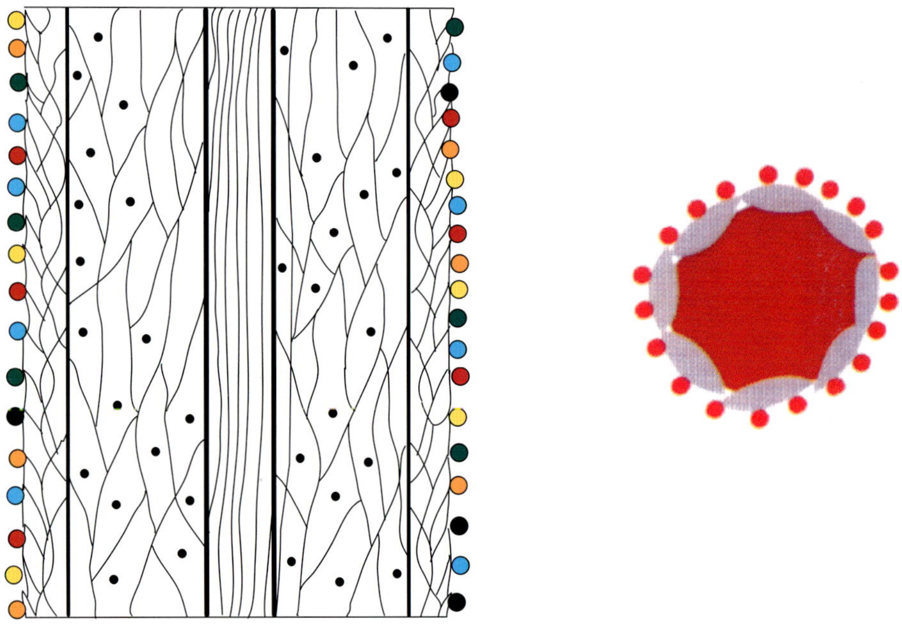

그림 3-11 일시적인 모발염색의 원리

(1) 일시적인 모발 염색의 장점

* 흐릿하고 윤기 없는 머릿결에 반사색을 준다.
* 백모를 약하게 커버할 수 있다.
* 백모에 환상적인 반사색을 준다.
* 퇴색된 모발의 색을 일시적으로 수정해 준다.
* 모발에 포인트로 색상을 표현할 수 있다
* 염색 후 다음 염색까지의 신생 모발에 대한 색을 유지시킬 수 있다.
* 만족스럽지 못한 염색의 뉘앙스를 수정해 준다.

(2) 일시적인 모발 염색의 단점

* 사용이 편리하나 색의 지속기간이 매우 짧다
* 땀이나 수분에 의해서 제거되거나 색이 바래질수 있다
* 모발에 색상만 표현된다.
* 다공성이 심한 모발에는 모발에 얼룩이 생길 수 있다.

(3) 일시적인 모발 염색의 시술방법

* 깨끗이 샴푸를 한 후 물기를 잘 닦아 낸다.
* 모발을 잘 나누어서 약액을 고루 도포한다.
* 방치시간이 없고 헹구어 낼 필요가 없다.

2) 반영구인 모발 염색(Semi-permanent color)

산성 컬러제(acid color)로 모발의 색소를 변화시키는 것이 아니라 첨가하는 것으로 4-6주 동안만 색상이 모발에 유지되고 샴푸 시 서서히 착색력이 떨어지며 염색전의 모발 본래의 색을 되찾게 된다.

산화제를 사용하지 않으며 1제로만 구성되어 있는 약산성 제품이다.

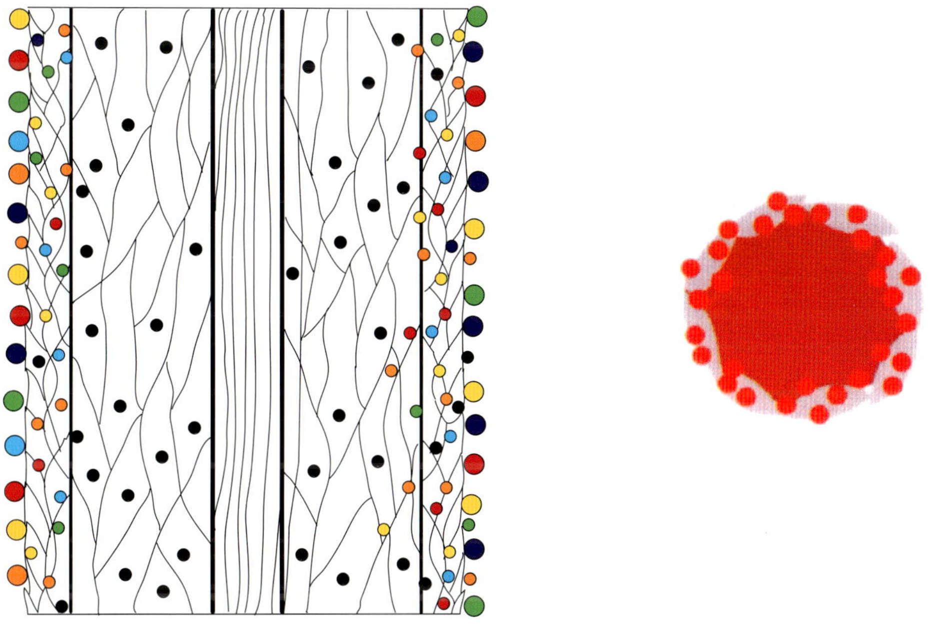

그림 3-12 반영구적인 모발 염색의 원리

(1) 반영구적인 모발 염색의 장점

* 착색만 가능하므로 가늘고 손상된 모발에 윤기를 준다.
* 탈색된 모발에 원하는 색상을 다채롭게 표현할 수 있다.
* 자연모의 색을 변화시키지 않으면서 단기간 모발의 색을 변화시킬 수 있다.
* 큐티클을 보호하는 기능을 갖고 있어 손상된 부분을 코팅하는 효과가 있다.
* 백모나 모발의 일부분에 색상을 주는 착색 효과가 있다.
* 모발 본래의 색보다 약간 짙게 할 수 있다.
* 백모량이 25%이하일 경우 흰머리를 감추거나 부분적으로 조화시킬 수 있다.

(2) 반영구적인 모발 염색의 단점

* 두피에 닿게 되면 잘 지워지지 않으므로 주의가 필요하다.
* 탈색모와 염색모에는 색상이 표현되나 어두운 모발에는 색상이 잘 표현되지 않는다.
* 모발의 색을 더 밝게 염색할 수 없다.
* 산성 컬러를 반복해서 시술하면 모발이 건조해지고 뻣뻣해진다.

(3) 반영구적인 모발 염색의 시술방법

* 깨끗이 샴푸를 한 후 물기를 잘 닦아 낸다.
* 뒷부분부터 염색제를 도포하는데 적당량을 모근에서 모선까지 원터치 기법으로 도포한다.
* 염색모의 경우 새로 자란 부분은 신생부의 모발에 5~10분 정도 먼저 도포한다.
* 제품이 섬세하게 도포되도록 빗질, 핸드링을 해 준다.
* 20~30분 정도 방치시간을 둔 후 헹구어 낸다.
* 열처리는 제조회사의 메뉴얼에 따른다.

3) 톤 온 톤 염모제 (ton-on-ton color)

10vol(3%) 산화제와 함께 사용하는 산화 염료중의 하나이다. 레벨을 올리지 않고 모발위에 반사색만 발색시키는 염모제이다. 암모니아가 함유되지 않은 산화 염모제이다. 그래서 '저 알칼리성 염모제'라고도 부른다. 톤 온 톤 염모제의 알칼리제는 모노에타놀아민이 쓰인다.

(1) 톤 온 톤 염모제의 장점

* 외국에서 많이 사용하는 제품으로 모발에 광택이나 윤기를 주며, 모발의 손상 을 방지할 수 있다.
* 제1제와 제2제로 구성되어 있으며 산화제가 2.3~3% 이하이므로 밝은 염색보다는 이미 염색된 밝은 모발 상태나 같은 컬러로 혹은 더 어둡게 할 때 사용한다.
* 자연모 색상을 어둡게 유지하면서 흰머리를 커버하고자 할 때 사용할 수 있다.
* 자연모 색상의 명도를 그대로 유지하면서 반사색을 주고 싶을 때 사용한다.

* 퇴색된 염색모에 색상과 윤기를 주고자 할 때 사용한다.
* 암모니아가 함유되지 않은 산화 염색제이다.
* 퍼머넨트웨이빙 시술 직후에 사용할 수 있다.

(2) 톤 온 톤 염모제의 단점

* 산화 영구 염색 보다 유지력이 약하다.
* 완벽한 백모커버가 어렵다.
* 액상화 시 꼼꼼한 샴푸가 필요하다.

4) 영구적인 모발 염색(Permanent hair coloring)

pH는 9.0~9.6사이로 염색제와 산화제에 의해 모발의 자연색소(멜라닌색소)를 탈색시키고 인공색소를 모발 내부에 착색시키는 것으로 모발의 색을 영구적으로 변화시키는 것으로 산화염색이라고도 한다. 암모니아가 함유된 산화염모제이다

유도체 염료를 사용하여 만들어진 염료제로서 다양한 색상을 발색시킬 수 있고 사용이 간편하여 현재 가장 널리 이용되고 있다.

(1) 영구적인 모발 염색의 장점

* 백모량에 관계 없이 커버할 수 있다.
* 반사색을 모두 연출할 수 있다.
* 원하는 명도를 다양하게 나타낼 수 있다.
* 원하는 반사색을 자유롭게 표현할 수 있다.
* 강조하고 싶은 반사색을 첨가하거나 혼합이 가능하다.
* 색상의 퇴색정도가 가장 느려서 4~8주이다. 색상이 오래 지속되지만 시간이 지나면 차차 색상이 퇴색된다.

(2) 영구적인 모발 염색의 단점

* 두피를 자극하고 모발을 손상시킬 수 있다.
* 알칼리의 향이 강하여 불쾌감을 가질 수 있다.
* 두피 열에 의해 모발에 얼룩이 생길 수 있다.
* 시간의 제약을 받으며 알레르기 반응을 일으킬 수 있다.

(3) 영구적인 모발 염색의 시술방법

* 피지와 자연보습막이 두피와 모발을 보호해 주기 때문에 오일 성분이 많이 들어간 제품을 사용 한 경우, 또는 트리트먼트의 사용 직후 등 특별한 경우를 제외하고는 샴푸는 하지 않고 마른 모발에 시술한다.

* 시술 직전에 염색제와 산화제를 제조회사의 메뉴얼에 따라 혼합한다.
* 모발 전체를 4등분으로 나누어 뒷부분부터 염모제를 도포한다.
* 백모염색의 경우 백모량이 많은 부분부터 도포한다.
* 방치시간을 둔 다음 염색 전용 샴푸로 헹구어 낸다.
* 모발의 손상을 줄이기 위해 가능한 열처리는 하지 않으며, 반드시 트리트먼트제를 사용하여 두피와 모발을 관리해 준다.

(4) 영구적인 모발염색의 원리

* 산화염료는 1제와 2제를 섞어서 사용하며 탈색 작용과 발색 작용이 동시에 이루어진다.
* 1제의 알칼리 성분인 암모니아가 모표피를 연화시켜 팽창시키면 모표피가 열려진다.
* 염모제의 미세한 색소들이 모피질 내부로 침투하고 산화제가 발생한 산소에 의해 큐티클을 빠져나갈 수 없을 정도의 크기로 중합 반응을 한다.
* 산화제에 들어 있는 산소가 작용하여 멜라닌 색소를 분해시켜 블리치 레벨을 만든다.
* 방치시간 동안 모피질에서 탈색과 발색이 이루진다. 염색의 작용시간은 회사마나 다르지만 보편적으로 염모제 도포 후 25~35분 방치한다. 작용 시간이 되기 전에 시각적으로 밝아 보인다고 샴푸하면 착색이 잘 되지 않아서 빨리 퇴색되는 원인이 되므로 작용시간을 정확히 지켜야 좋은 결과 색상을 얻을 수 있다.
* 백모염색은 멋내기 염색보다 10~15분 더 방치하는데 색소가 없는 백모에 인공색소를 더 넣어주기 위함이다.

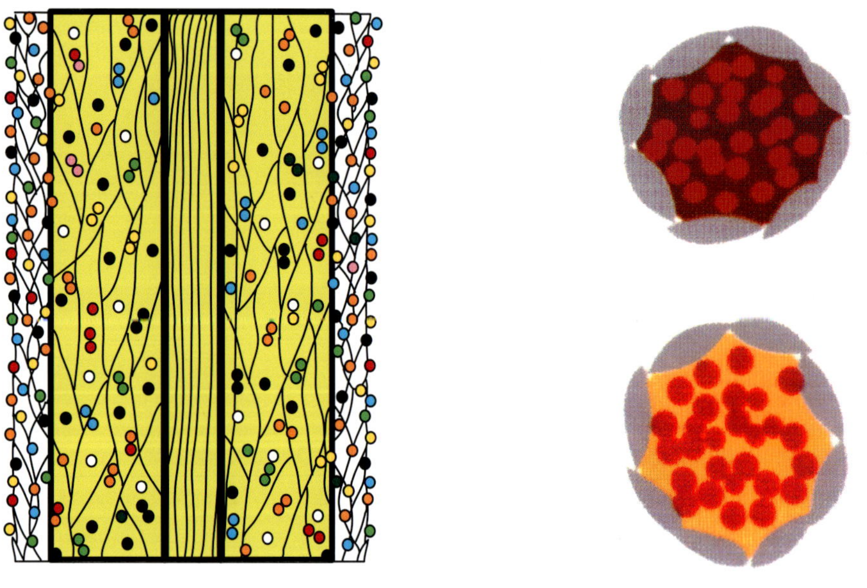

그림 3-13 영구적인 모발염색의 원리

표3-12 염모제의 분류와 특징

<table>
<tr><th>종류</th><th>주원료</th><th>pH</th><th>특징</th><th>타입</th></tr>
<tr><td>일시염모제</td><td>염료</td><td>중성에 가까움</td><td>· 시술이 간단하나 1회의 샴푸로 씻겨짐
· 퇴색한 모발색을 일시적으로 보완해줌</td><td rowspan="2">화장품
1제</td></tr>
<tr><td>반영구적 염모제</td><td>산성염료</td><td>산성
pH3~4</td><td>· 색상이 4~6주간 유지
· 큐티클보호와 손상부분 보호효과
· 탈색모발에 다양한 색상 연출</td></tr>
<tr><td rowspan="2">영구적 염모제</td><td rowspan="2">산화염료</td><td>톤온톤 염모제
pH7.5~9</td><td>· 자연스러운 세체 커버
· 모발의 광택과 윤기를 줄때
· 모발을 밝게 할수없다.</td><td rowspan="2">의약
부외품
1제+2제
혼합</td></tr>
<tr><td>알카리성
pH9.5~10.5</td><td>· 백모염색 100% 커버 가능
· 명도를 밝게 할수 있음
· 원하는 색을 자유롭게 표현</td></tr>
</table>

표3-13 산성염료와 산화염료의 차이

	산성염료	산화염료
특징	분자가 크기 때문에 모발 내부에는 들어가지 못하고 모표피층에만 염착된다. (약 3μ)	분자는 작고 모피질층에서 산화되어 커지기 때문에 씻겨지지 않는다.
퇴색	빠르다	느리다

5. 염색시술 시 필요한 도구

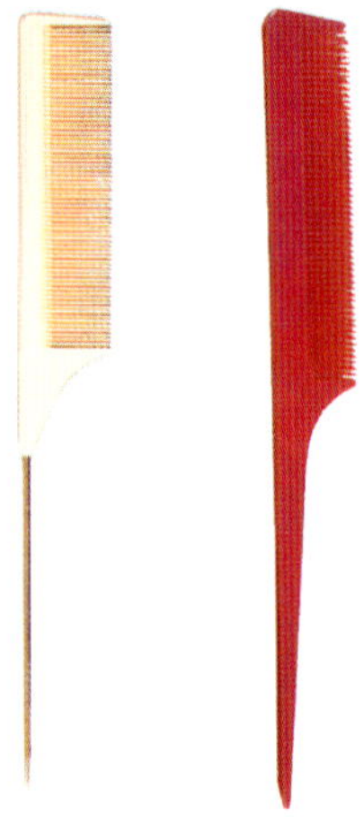

* 빗(테일 콤, 꼬리 빗)

블로킹을 하거나 염모제와 탈색제 도포에 사용한다. 하이라이트용 테일 콤-빗의 꼬리 부분에 금속으로 예리하게 만들어져있어 메쉬나 슬라이스에 사용한다.

* 비닐 캡

산성 염료나 전체 탈색 시 모발에 온도를 유지하게 위해서 사용 한다.

* 쉐이커

볼과 같은 개념으로 사용하면 된다. 1제와 2제를 쉐이커에 넣고 흔들어서 약제를 혼합하기 때문에 간편하게 사용 할 수 있다.

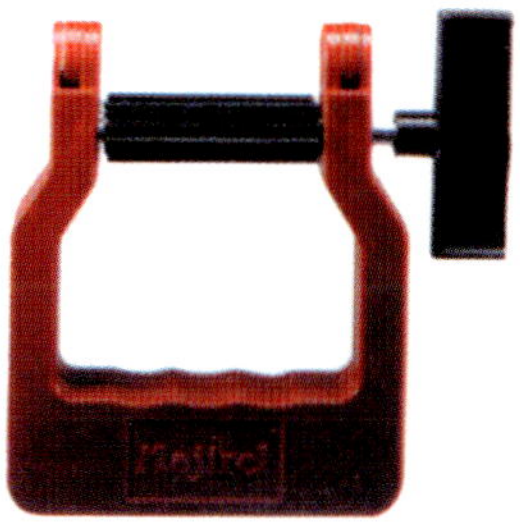

＊ 튜브 짜개(핀치 롤러)

튜브 들어 있는 크림 타입의 1제를 롤러의 끝부분에 끼우고 손잡이를 돌리면 염모제를 덜어 쓸 수가있다.

＊ 염색용 브러쉬

염모제와 탈색제를 도포 시 사용한다. 약액의 성질이 다르므로 반영구 염모제와 산화 영구 염모제, 탈색용 등을 구분하여 사용한다.

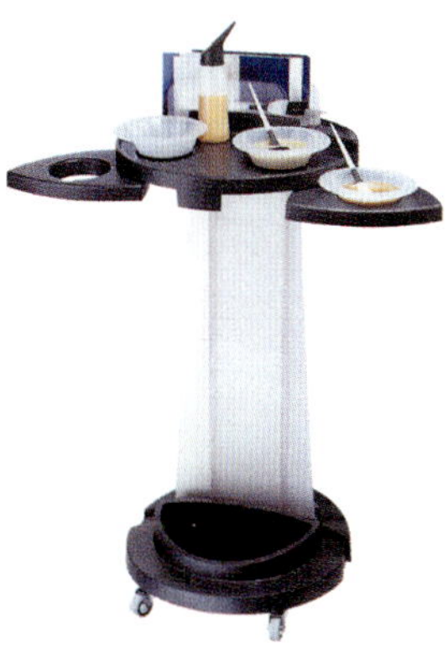

＊ 컬러 트레이

모발 염 · 탈색 시 손쉽게 필요 도구를 사용할 수 있도록 정리해놓는 이동식 세트 도구이다. 플라스틱으로 만들어져 있음으로 약제가 트레이 위에 묻으면 색소 침착이 되어서 지저분해 보이므로 항상 유념한다.

＊ 염색 케이프(염색보)

목 주위에 어깨 보호용 타올을 씌우고 그 위에 염색보를 씌워서 고객의 안전을 살핀다.

＊ 메쉬 파레트

하이라이트, 로우라이트 테크닉을 할 때 메쉬를 떠서 메쉬 팔레트위에 올려놓고 브러쉬로 도포한다. 팔레트와 브러쉬를 때어내고 사이사이에 솜 혹은 티슈를 받쳐주어 약제가 번지는 것을 막아 준다.

＊ 호일 : 슬라이스 테크닉, 하이라이트, 로우라이트 테크닉에 사용한다. 호일의 넓이를 10cm로하고 길이는 모발길이를 고려하여 적당하게 사용한다. 두피쪽에 닿는 부분을 0.5cm폭으로 두 번 접어서 호일을 고정시킬 때 흔들리지 않게 한다.

＊ 이어 캡

모발 염ㆍ탈색 시술시 귀에 약제가 묻는 것을 방지하기위하여 이어 캡을 착용한다.

* 고객 보호 가운

방수 100%인 소개로 가운을 만들어서 고객의 옷을 보호해주는 역할을 한다.

* 보울

염모제와 탈색제의 1제와 2제를 혼합하는 용기로서 산성 염료와 알칼리성 염료로 구분하여 사용하여야 한다.

* 퀵 매쉬 : 슬라이스 테크닉, 하이라이트, 로우라이트 테크닉에 사용하는데, 약제와 잘 밀착되어서 사용하기 편리하고 씻어서 제 사용이 가능하다.

* 타올 : 목을 감싸고 어깨를 덮어 줄 때, 샴푸 후 사용한다.

* 저울 : 정확한 약액의 양을 측정할 때 사용한다.

* 타이머 : 방치시간을 측정한다.

* 클립 : 블로킹을 하거나 섹션을 나눌 때 모발이 서로 엉키지 않도록 나뉘어진 모발을 고정시키는 역할을 한다.

* 비닐장갑 : 시술자의 손을 보호하기 위해서 착용하는 도구이다.

6. 모발 염 · 탈색 시술 시 주의사항

1) 모발 염색 시술 시 주의사항

(1) 염모제와 탈색제는 혼합한 후 가급적이면 빠른 시간 내에 사용하여야 한다. 염모제는 1제와 2제를 혼합하면 곧 산화가 시작되기 때문에 너무 오랫동안 혼합액을 방치하여 두면 불용성 색소가 생성되어 모피질의 침투가 어렵게 되어 염색이 잘 되지 않는다.

(2) 모든 염모제의 사용 설명서를 정확히 확인한 후 부작용 및 주의 사항 등을 파악하여야 한다. 각 제조 회사 마다 염모제의 1제와 2제의 혼합 비율이 다를 수 있으므로 주의해서 사용한다. 산화제의 양이 많으면 1제의 색상이 희석되기 싫고, 퇴색이 빠르며 산화제의 양이 모자라면 색상 표현이 제대로 안되어 명도가 잘 나타나지 않는다.

(3) 염모제의 도포에 앞서 먼저 패치테스트를 하여야한다. 팔 안쪽 또는 귀 뒤쪽에 1제와 2제를 소량 취해 정해진 용법대로 조제하여 바른 후 48시간 방치한 후 이상이 없는 지 확인 후 염색에 들어간다. 이때 가려움이나 부어오름, 따가움이 있을 경우 염색을 피하는 것이 좋다.

(4) 약액이 피부에 닿지 않도록 주의한다. 특히 눈에 들어가지 않도록 주의한다. 만일의 경우 눈에 들어갈 경우 미지근한 물로 깨끗이 씻거나 즉시 안과를 찾아가 진료를 받는 것이 좋다.

(5) 눈썹과 속눈썹에는 사용을 금한다.

(6) 대중이 모여 있는 공공장소에서의 사용은 주변을 오염을 시키거나 불편을 끼칠 수 있으므로 주의한다.

(7) 시술자는 반드시 비닐장갑을 착용 후 시술하여야 한다.

(8) 방치시간 동안 약액이 흐르지 않는지 고객의 안전을 살핀다.

2) 모발 탈색 시술 시 주의사항

(1) 일반적으로 모발 염색 시술 시 주의 사항과 동일하다.

(2) 모발탈색 시 30분 이상 초과 하면 탈색제에 포함된 알칼리 성분의 작용으로 인해 모발의 펩티드 결합과 황 결합이 파괴되어 모발 손상을 초래할 수 있으므로 깨끗이 헹구어내야 한다.

(3) 두피에 닿지 않도록 하고 피부의 상처 난 부위에도 닿지 않도록 주의한다.

(4) 탈색제의 성분인 과산화수소는 공기 중에 노출되거나 따뜻한 장소에서 보관하면 자연 분해 되어 작용이 약해질 수 있으므로 직사광선이 들지 않는 서늘한 곳에서 밀폐시켜서 보관한다.

(5) 금속 용기는 사용을 피하고 플라스틱 용기를 사용하여야 하며 샴푸하지 않은 마른모발에 시술하여야 한다.

(6) 탈색제가 마르지 않도록 알루미늄 호일이나 비닐 캡을 사용한다.

(7) 발수성모, 굵은 지방성 모발은 탈색이 느리고 손상모, 염색모, 두피 쪽의 모발 은 탈색이 빠르므로 도포 순서와 방치시간에 세심한 주의를 기울여야 한다.

Ⅳ. 모발 염 · 탈색의 실제

제4장 모발 염 · 탈색의 실제

1. 모발색상의 선택

1) 모발색상을 얻기 위한 원리

보랏빛 색상에서 금빛 색상을 갖고자 희망할 때 색의 강, 약에 의해 또는 모발 바탕색의 변화에 따라 컬러 체인지를 할 수 없는 경우가 많다. 이 원리는 차가운 색상에서 따뜻한 색상을 한 번에 얻을 수 없다는 것을 말하며 같은 명도와 같은 채도가 형성이 되어있어야 고객이 원하는 모발색을 얻을 수 있는 것이다.

또한 보색의 원리를 적용해야 표현되는 색감이 있는데 그것은 멜라닌색소의 영향에 의해 달라진다. 적빛을 구릿빛이나 갈색빛으로 만들 때 초록빛의 색을 넣어 주는 원리로 보색은 색상환에서 반대되는 색을 섞어 줌으로써 갈색의 색상을 만들어 주는 역할을 한다. 모발 염색에 있어서 반사색(채도)은 매우 중요하며 각 사마다 색체계표가 있으며 색상체인지에 적용한다. 아래의 표와 같이 모발색상에서 고객이 희망하는 색을 얻고자 할 때 가능 여부를 판단하여 컬러 체인지를 함으로써 아름다운 색상의 헤어컬러를 연출할 수 있다.

표 4-1 컬러체인지 가능 여부

모 발 색 상	고객이 원하는 색상	가 능	불 가 능
초록빛(Green)	파랑빛(Blue)	o	
초록빛(Green)	보라빛(Violet)	o	
노랑빛(Yellow)	주황빛(Orange)	o	
주황빛(Orange)	구리빛(Copper)	o	
구리빛(Copper)	적빛(red)	o	
잿빛(Ash)	금빛(Gold)		o
보랏빛(Violet)	구릿빛(Copper)		o
구리빛(Copper)	노랑빛(Yellow)		o
적빛(Red)	금빛(Gold)		o

2) 모발색상을 얻기 위한 블리치 레벨

원하는 색상을 얻기 위하여 먼저 탈색을 통해 블리치 레벨을 만들어야한다. 차가운 색상을 잘 나타내려면 원하는 레벨보다 1~2레벨 높은 레벨로 블리치를 하며, 따뜻한 색은 블리치 레벨을 고객이 원하는 염모제의 레벨과 같은 레벨이거나 한 레벨 아랫단계로 블리치한다.

표 4-2 모발색상에 따른 블리치 레벨(bleach level)

색상(reflect)	명도(level) 밝게 / 어둡게
보라빛(violet) 푸른빛(blue) 잿빛(ash) 초록빛(green)	원하는 컬러 레벨보다 탈색을 1~2레벨 밝게 하여 바탕색을 만든다. ex) 11.1(잿빛) → 탈색 12레벨 4.2(보라빛) → 탈색 5레벨 또는 6레벨
금빛(gold) 적자빛(mahogany) 노랑빛(yellow)	원하는 컬러 레벨과 일치하게 탈색하여 같은 레벨로 바탕색을 만든다. ex) 7.3(금빛) → 탈색 7레벨
구리빛(copper) 적빛(red)	원하는 컬러 레벨보다 어둡게 탈색하거나 동 레벨로 하여 바탕색을 만든다. ex) 8.44(적빛) → 탈색 8레벨 또는 7레벨

▶ 차가운 색상을 원할 경우

ex) 자연모 베이스는 갈색(4레벨)이고 원하는 컬러는 잿빛 밝은 황갈색(8레벨)

기본 모발색상은 4레벨(갈색)인데 원하는 색상이 컬러차트에서 8레벨(잿빛 밝은 황갈색)을 원한다면 산화제 20vol(6%)는 2레벨 이상 밝게 하지 못하기 때문에 원하는 색상인 8레벨을 얻기 위해서는 먼저 탈색을 하여야 한다.

탈색제 + 6% 산화제를 혼합하여 도포

↓

블리치 9레벨 까지 5~50분간 자연방치

↓

샴푸 후 건조

↓

잿빛 밝은 황갈색(8레벨) 염모제 도포

↓

25~35분간 자연방치

↓

에멀젼 후 샴푸

▶ 따뜻한 색상을 원할 경우

ex) 자연모 베이스는 갈색(4레벨)이고 원하는 컬러는 금빛 밝은 황갈색(8레벨)

사전 탈색으로 블리치 레벨을 원하는 컬러 레벨과 같은 단계인 8레벨 (밝은 황갈색)까지 바탕색을 만든 다음 금빛 밝은 황갈색 염모제를 도포해야 금빛 색조를 얻을 수 있다.

탈색제 + 6% 산화제를 혼합하여 도포

↓

블리치 8레벨 까지 5~50분간 자연방치

↓

샴푸 후 건조

↓

금빛 밝은 황갈색(8레벨) 염모제 도포

↓

25~35분간 자연방치

↓

에멀젼 후 샴푸

▶ **붉은 색상을 원할 경우**

ex) 자연모 베이스는 갈색(4레벨)이고 원하는 컬러는 적빛 어두운 황갈색(6레벨)

먼저 탈색으로 블리치 레벨을 원하는 컬러 레벨보다 1단계 어두운 레벨인 5단계(레드 오렌지)로 만든 다음 적빛 황갈색을 도포해야 적빛의 반사색을 얻을 수 있다

탈색제 + 6% 산화제를 혼합하여 도포

↓

블리치 5레벨 까지 5~50분간 자연방치

↓

샴푸 후 건조

↓

적빛 황갈색(6레벨) 염모제 도포

↓

25~35분간 자연방치

↓

에멀젼 후 샴푸

2. 모발 염색의 기본 테크닉

1) 원 터치(One touch) 테크닉

염모제를 두피에서 모발 끝까지 한번에 도포하는 기법으로 주로 백모커버, 어두운 명도의 색상, 모발 길이 15cm 이내의 패션컬러를 원할 때 도포하는 방법이다. 반영구적인 염색 시에도 주로 원터치 테크닉을 사용한다.

▶ 모발길이 15cm 이하의 자연모발을 갖고 있는 고객이 백모염색 또는 패션컬러를 희망하는 경우

① 모발을 4등분으로 블로킹한다.
② 고객이 원하는 희망색(백모염색 or 패션컬러)을 산화제20vol(6%)와 혼합한다.
③ 두피 부분에서부터 모선 끝까지 한번에 도포한다.
④ 각사마다 염모제의 프로세싱 타임을 정확히 하여 방치한다.
⑤ 색상 테스트 후 샴푸한다.
⑥ 헤어스타일링 한다.

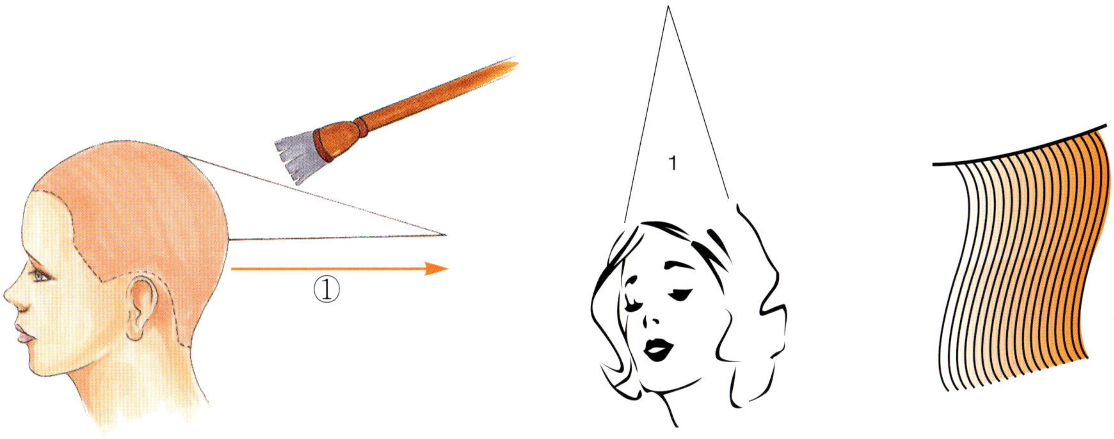

그림 4-1 원터치 테크닉

2) 투 터치(Two touch) 테크닉

먼저 두피에서 1~1.5cm 정도를 띄우고 모발의 스트랜드에 염모제를 도포한 다음 15~20분 정도의 방치시간을 둔 다음 모근 부분에 염모제를 도포하는 기법으로 희망하는 색상이 모발의 바탕색보다 밝고 모발의 길이가 긴 경우 모발 길이에 따라 염색 진행속도가 다르므로 균일한 염색을 하기 위하여 사용된다.

▶ 모발길이 15~30cm 정도의 자연모발을 갖고 있는 고객이 백모염색 또는 패션컬러를 희망하는 경우

① 모발을 4등분으로 블로킹한다.
② 고객이 희망하는 염모제를 산화제와 함께 혼합한다.
③ 1차 도포 : 두피로부터 1~1.5cm 정도를 띄우고 희망색을 스트랜드에 도포한다.
④ 15~25분간 방치시간을 둔 다음 색상 테스트를 한다.
⑤ 2차 도포 : 두피부분 1~1.5cm를 도포한다.
⑥ 도포 후 10~15분간 방치 후 색상 테스트를 한다.
⑦ 샴푸 후 스타일링 한다.

그림 4-2 투터치 테크닉

3) 쓰리 터치(Three touch) 테크닉

롱 헤어에 적용하는 터치 방법으로 전체 모발의 균일한 색상을 얻기 위함이다.

▶ 모발길이가 30cm 정도인 고객이 패션컬러를 희망하는 경우

① 모발을 4등분으로 블로킹한다.
② 1차 도포 : 희망하는 염모제를 두피로부터 15~20cm 정도를 남겨 놓고 모선 끝까지 도포한다.
③ 10~15분간 방치한다.
④ 2차 도포 :두피에서 1~1.5cm을 띄우고 모선 중간부분에 희망하는 염모제를 도포한다.
⑤ 10~15분간 방치한다.
⑥ 3차 도포 : 두피 부분에 도포한다.
⑦ 10~15분 도포 후 색상 테스트를 한다.
⑧ 샴푸 후 헤어스타일링 한다.

그림 4-3 쓰리터치 테크닉

4) 재 염색(Retouch) 테크닉

모발을 염색하고 시간이 경과함에 따라 보통 한달에 1~1.5cm정도의 신생모가 자라나온다. 이 때 원터치로 신생부만 염색하는 것이 바람직하지만 모발이 너무 퇴색되었을 경우 신생부에 염모제를 도포하고 난 후 방치시간을 둔 다음 기염부에 남은 약액을 소량의 미온수와 함께 혼합하여 도포한다.

▶ 염색을 하고 1달이 경과한 고객의 경우

① 모발을 4등분으로 블로킹 한다.
② 1~1.5cm 신생부 부분을 고객이 희망하는 색으로 원 터치로 도포한다.
③ 25~30분간 자연방치 한다.
④ 기염부 부분을 고객이 희망하는 색상과 미온수를 희석하여 도포한다.
⑤ 10~15분 후 색상 테스트를 한다.
⑥ 샴푸 후 헤어스타일링 한다.

5) 퇴색도에 따른 도포방법

(1) 퇴색이 없을 경우

신생부에 희망색을 도포하고 약 25~30분간 자연방치 한다. 기염부에 남은 약액을 약간의 미온수에 섞어서 도포한 후 약 5~10분간 자연방치 한다.

(2) 퇴색이 조금 있을 경우

신생부에 희망색을 도포하고 약 15~25분간 자연방치 한다. 기염부에 남은 약액을 약간의 미온수와 함께 섞어서 도포한 후 약 10~20분간 자연방치 한다.

(3) 퇴색이 많을 경우

신생부에 희망색을 도포하고 직후 혹은 5분 후에 희망색을 약간의 미온수와 섞어서 기염부에 도포 한 다음 25~35분간 자연방치 한다.

6) 백모 염색(Gray hair)

흰머리를 염색하기 위해서는 흰머리의 양과 밀도가 높은 곳을 잘 파악하여야 한다. 훼이스라인(face line) 부분과 흰머리가 많은 부분에 먼저 염모제를 도포하고 염모제의 양으로 조절한다.

염모제를 충분히 도포한 다음 멋내기 염색보다 10~15분 정도 더 방치시간을 두어야 하는데 그 이유는 백모의 경우 멜라닌 색소의 소멸로 멜라노 프로테인(티로신)의 작용이 없어지므로 본래 친수성이었던 모발이 발수성모로 전환되어 모발염색제의 침투가 용이하지 않기 때문이다. 즉 백모 염색의 경우 염모제의 선택은 흰머리의 양에 따라 반사색이 없는 네추럴계열의 기본 색상에 희망색상을 혼합하여 사용한다.

표 4-3 백모량에 따른 염모제의 기본색상과 희망색상의 비율

백모의 량	기본색상 : 희망색상
70%	7 : 3
50%	5 : 5
30%	3 : 7

(1) 기본 백모 염색

백모 50%정도의 고객이 구릿빛 밝은 갈색을 원한다면 백모커버를 할 수 있는 기본색상(5.0) 1/2 + 구릿빛 밝은 갈색(5.4) 1/2을 혼합하여 시술한다.

재염색을 할 경우 한번에 원터치로 하면 이전에 도포한 염모제의 색소가 쌓여서 기염부가 더 어두워지는 것에 주의하여야 한다.

▶ 퇴색이 심하지 않은 경우

① 새로 자란 신생부에만 염모제를 도포해 준다.
② 방치시간 5분 전에 남아 있는 염모제에 따뜻한 물을 1:1로 섞어서 기염부에 마사지하듯 도포해 준다.
③ 충분히 액상화 시켜 거품을 낸 후 염모제를 깨끗이 제거한다.
④ 염색 전용 샴푸로 헹구어 낸 다음 트리트먼트해 준다.

(2) 응용 백모염색

가) 프레-소프트닝 기법(Pre- softening technique)

백모의 큐티클을 팽창시켜 염모제의 염료 착색력을 높이는 테크닉이다.

① 모발진단을 한다.
② 희망색을 선택한다
③ 모발을 4등분으로 블로킹 한다.
④ 6% 산화제를 두피에서 1~1.5cm 띄운 후 균일하게 도포한다.
⑤ 10~15분간 완전히 건조 후 바로 희망하는 염모제를 도포한다.
⑥ 방치 시간을 둔 다음 원하는 색상을 체크한다.
⑦ 샴푸 후 헤어스타일링 한다.

나) 피그먼테이션 기법(Pigmentation technique)

백모부분에는 멜라닌과립색소가 없으므로 염료제의 착색을 높이기 위해 사전에 색소를 흡착시키는 방법이다.

① 모발진단을 한다.
② 백모부분에 희망색소 + 미온수를 1:1로 혼합하여 도포한다.
③ 10~15분간 방치 후 바로 희망 염모제를 도포한다.
④ 35~45분 정도 방치 후 테스트한다.
⑤ 샴푸 후 마무리한다.

다) 샴푸 블리치(shampoobleach)

자연 모발에 자연스러운 밝기의 탈색을 원하거나 강한 발수성 모발의 연화를 목적으로 시술되는데 염색하기 어려운 백모 염색 시에 효과적으로 사용되기도 한다.

① 산화염료의 색조를 나타내고자 할 때에는 탈색제 10g + 6%의 산화제 30㎖ + 샴푸 3㎖ + 온수 30㎖ 를 혼합하여 네이프에서 프론트 방향으로 빠르게 도포한다.
② 방치시간은 약 5~30분 정도 방치시간을 둔 다음 물로 헹구어내고 산성염색이나 영구적인 산화염색을 한다.
③ 샴푸 블리치에서 샴푸의 작용은 알칼리 성분으로 모표피를 열어 주고 거품으로 고르게 탈색하여 얼룩지는 것을 방지하는 작용을 한다.

3. 모발 탈색(bleach) 기본 테크닉

모발의 명도를 체크하여 고객이 원하는 색상을 결정하는 것이 중요하며 두피에 염증이나 문제가 있는 경우는 시술을 삼가 한다. 탈색제는 두피에서 1~1.5cm를 띄우고 도포해야 하며 1차 도포한 탈색제의 레벨이 1/2 정도로 밝게 나온 경우 2차 도포를 한다. 이때 모발에 얼룩이 생기지 않도록 세심하게 도포해야만 한다.

탈색제를 도포한 후에는 수시로 모발색의 변화를 체크하는 것이 바람직하며 컬러 테스트는 모발 스트랜드를 하나 선택하여 젖은 타올로 탈색제를 닦아내고 건조 시킨 후 색상을 확인한다.

(1) 캡을 이용한 테크닉

① 마른 모발을 잘 빗은 다음 헤어라인에 탈색용 캡을 잘 맞추어 씌운다.
② 탈색용 캡에 난 구멍으로 모발이 뭉쳐서 나오지 않게 주의하면서 페이스 라인의 모발부터 코바늘을 45° 각도로 집어넣어 적당량의 모발을 빼어낸다.
③ 전체적으로 고르게 다 빼놓은 다음 탈색용 캡 위의 모발에만 탈색제를 도포한다.
④ 탈색용 캡을 쓰고 우선 물로 헹군 다음 캡을 벗고 나서 모발 전체를 샴푸한다.

※ 탈색용 캡을 쓰고 하므로 두피의 손상이 없고 원하는 부위에 간편하게 시술할 수 있으나 고르게 탈색하기 힘든 단점이 있다.

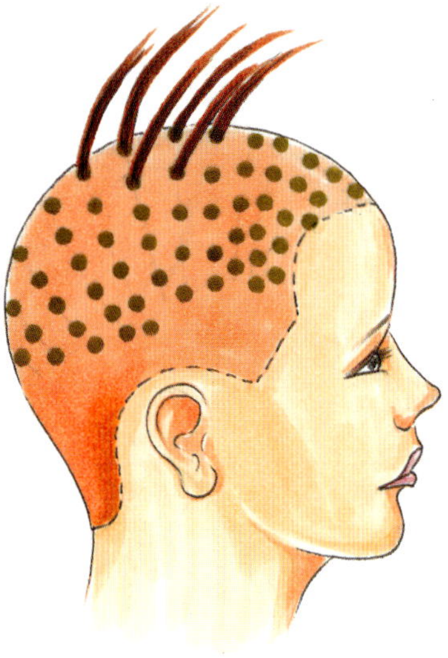

(2) 페이퍼나 알루미늄 호일을 이용한 블리치

두 가지 이상의 모발색을 동시에 나타내고자 할 때, 또는 주변의 스트랜드에 도포된 탈색제에 의해 얼룩이 생기는 것을 방지하고자 할 때 사용하는 테크닉이다.

① 페이퍼나 알루미늄 호일을 적당한 크기로 잘라 준비해 놓는다.
② 꼬리빗으로 원하는 부분에 위빙(weaving, 홈뜨기)을 뜬다.
③ 뒷부분의 모발부터 도포를 시작하고 모발 색상의 변화를 주의 깊게 체크한다.

※ 강하게 라이트닝을 하고 싶으면 모발을 넓게 뜨고 자연스럽게 라이트닝을 하고 싶으면 가늘게 위빙을 해준다.

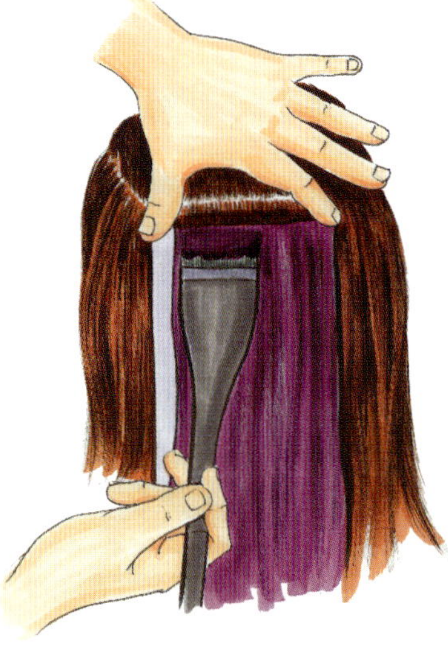

(3) 팔레트를 이용한 블리치

① 원하는 부위의 모발을 위빙으로 떠서 팔레트 위에 올려놓고 염색 브러시로 염모제를 도포한다.

② 이때 페이퍼를 준비해 놓고 팔레트를 빼면서 휴지를 그 자리에 넣고 반으로 접어놓으면 근접해 있는 머릿단에 탈색제가 묻지 않아서 좋다.

(4) 빗을 이용한 블리치

다른 테크닉에 비해 자연스러운 탈색을 원할 때 이 방법을 사용한다. 산성염색, 코팅, 염모제 도포 후, 샴푸 전에 이 테크닉을 사용하면 하이라이트가 생겨서 모발에 자연스러운 색의 변화를 줄 수 있다.

① 탈색제를 조금 점도있게 혼합해서 만든다.

② 빗에 묻혀 살짝 빗는다.

③ 빗의 끝에만 묻혀 세로로 세워서 가닥가닥 빗을 수도 있다.

(5) 클리닉 블리치(Clinic bleach)

탈색제에는 트리트먼트 성분이 들어 있지 않아서 모발의 손상도가 많으므로 이를 방지하기 위해서 수용성 단백질이 들어 있는 탈색제를 사용하거나 클리닉 전용의 앰플을 혼합하여 도포해 준다.

① 탈색제 + 6%의 산화제 + 수용성단백질 또는 모발 클리닉 앰플을 혼합해준다.
② 위의 혼합물을 건조한 모발 위에 섹션마다 골고루 도포한다.
③ 방치시간을 둔 다음 잔여물이 남지 않도록 깨끗이 샴푸해 준다.

4. 모발 염 · 탈색 응용 테크닉

1) 얼굴형과 헤어컬러

(1) 둥근형 얼굴

둥근형의 얼굴은 넓어 보이므로 전체적으로 얼굴이 갸름하게 보이게 연출하는데 그 포인트가 있다. 모발염색으로 얼굴 위쪽을 강조하면서 전체의 얼굴 형태가 갸름하게 느껴지도록 이마 부분의 얼굴 위쪽에 하이라이트를 넣고 밑으로 내려오면서 서서히 어둡게 하면 둥근 부분이 커버되어 갸름한 인상을 준다. 밑으로 내려오면서 하이라이트를 주면 둥근 얼굴형이 더욱 강조됨으로써 팽창되어 넓게 보인다.

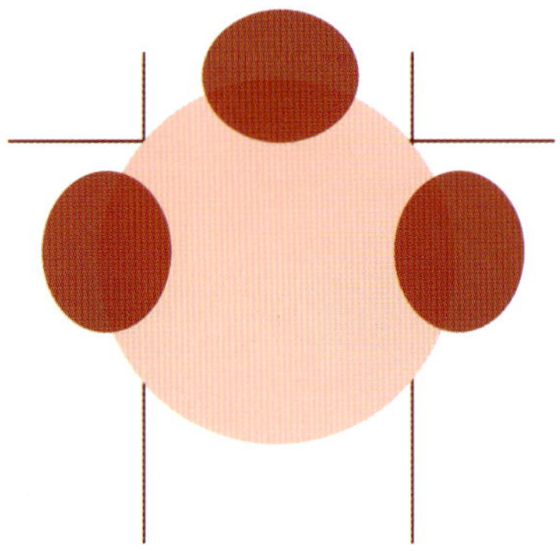

(2) 역삼각형 얼굴

역삼각형 얼굴의 날카로운 턱 라인은 때로는 약해보이는 인상을 주기도 한다. 모발염색으로 관자놀이부터 귀 아래 부분을 밝게 강조하면 턱 라인에 볼륨이 생긴다. 머리 윗부분을 진하게 강조하면 더 또렷한 느낌을 연출할 수 있다. 머리 윗부분에 하이라이트를 하여 강조하면 얼굴이 더 커 보이고 역삼각형의 얼굴이 보다 강조된다.

(3) 사각형 얼굴

사각형 얼굴은 인상이 강해 보이고 얼굴도 커 보인다. 이마 부분을 하이라이트로 강조하여 볼륨감을 주고 전체적으로 약간 갸름해 보이는 느낌을 줄 수 있지만 너무 밝게 하면 얼굴 전체가 커 보이므로 역효과를 준다. 턱 라인의 인상을 약하게 하는 정도의 이미지라면 깔끔한 인상을 준다. 사이드로부터 턱에 하이라이트를 넣는 것은 각진 턱 라인을 더욱 강조하게 된다.

(4) 장방형 얼굴

장방형 얼굴은 전체적으로 길어 보이는 이미지를 준다. 밝게 사이드 부분을 강조하면 얼굴 전체의 윤곽이 옆으로 넓어 보이므로 관자놀이 부분에 하이라이트를 넣는 것이 효과적이다. 이마나 턱 근처 부분에 밝게 하이라이트로 강조하면 얼굴 전체가 더 길어 보인다.

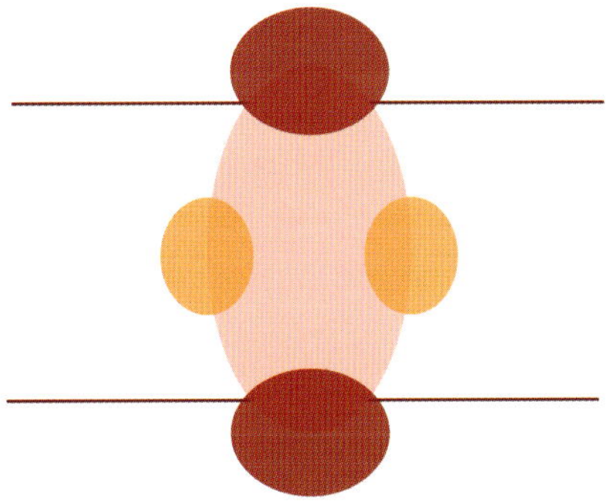

2) 헤어컬러의 선정

고객에게 어울리는 헤어컬러를 찾아 모발색을 바꾸어 주고 메이크업과 패션이 잘 조화를 이루도록 코디네이트해 주면 이미지 메이킹에 가장 큰 역할을 하게 될 것이다. 잘 어울리는 헤어컬러는 그 사람의 피부, 눈동자의 색을 기본으로 하는데 이를 기준으로 립 컬러와 아이섀도우 컬러 그리고 의상과 악세사리 등과의 색의 조화를 즐길 수 있다.

따뜻한 색 그룹 중 피부색이 비교적 진하고 피부가 두꺼우며 부드러운 경우 가을 그룹에 속하고 피부가 얇고 투명하며 모발색이 밝고 볼이 연어색이면 봄 그룹에 속한다. 차가운 색 그룹 중 피부색이 진하고 광택이 나면 겨울 그룹에 속하며 비교적 피부가 밝고 얇으며 볼이 핑크이고 모발색이 부드러우면 여름 그룹에 속한다.

표 4-4 피부색과 헤어컬러

계절	피부색	헤어컬러
봄	우유빛 투명한 피부색 얇은 피부	블론드, 황금빛 갈색, 백금색, 밝은 색이 잘 어울림 잿빛 계열, 검은색, 은색, 청회색 등은 어울리지 않음
여름	밝은 피부색 얇은 피부	하이라이트, 잿빛 블론드, 갈색, 청보라 등이 잘 어울림 적갈색, 붉은빛 계열, 밝은 갈색 등은 어울리지 않음
가을	짙은 피부색 두꺼운 피부	갈색계열, 붉은 빛 계열, 담갈색 등의 따뜻한 색이 잘 어울림 잿빛 하이라이트, 검은색, 차가운 색 등은 어울리지 않음
겨울	짙은 피부색 광택이 도는 피부	블루 블랙, 잿빛 갈색, 푸른빛이 도는 자주색 등이 잘 어울림 블론드 탈색, 따뜻한 색조의 붉은 색 등은 어울리지 않음

1) 봄의 피부색과 헤어 컬러

피부색이 검은 경우는 황색의 베이지와 복숭아빛 혈색, 중간 피부인 경우 부드러운 황색의 느낌, 흰 피부인 경우는 약간의 황색이 감도는 아이보리 톤의 피부를 들 수 있다.

비교적 밝은 톤으로 골드 브라운, 골드 블론드, 황갈색, 오렌지 빛을 지닌 부드럽고 은은한 색상 등이 잘 어울리며, 아이보리빛이 강하게 나는 백모로 연출해도 세련된 느낌이 든다. 검정색이나 회갈색, 와인계열, 블루 계열은 피하는 것이 좋다.

(2) 여름의 피부색과 헤어 컬러

검은 피부인 경우는 검붉은 피부, 중간 피부인 경우 핑크색 톤, 흰 피부인 경우 핑크색이 감도는 우유빛 피부를 들 수 있다.

헤어 색상은 차가운 계열로 회색빛을 지니고 있는 황색이나 라이트 블론디, 중간톤의 회갈색 컬러가 잘 어울리고, 검정이나 오렌지 계열은 피하는 것이 좋다.

(3) 가을의 피부색과 헤어 컬러

검은 피부인 경우 골드 베이지, 오렌지, 갈색, 다크 베이지 톤이고, 중간 피부는 약간 황색의 느낌이 돌고 안색은 좋아 보이지 않는다. 흰 피부는 도자기처럼 매끈한 베이지톤을 들 수 있다.

헤어 컬러는 짙은 적갈색, 황갈색이 주를 이루며, 카키계열도 잘 어울린다. 회색의 느낌이나 검정색, 블루, 밝은 황갈색, 와인색 계열은 피하는 것이 좋다.

(4) 겨울의 피부색과 헤어 컬러

검은 피부인 경우 블루 베이지, 어두운 붉은 베이지 피부이고, 중간 피부는 붉은 빛이 없고 푸른기가 도는 색으로 혈색이 없다. 흰 피부는 엷은 핑크 빛을 띠며 매우 희다.

헤어 컬러는 회갈색이나 검정색이 주를 이루며, 블루 블랙, 와인계열, 보라계열도 잘 어울린다. 밝은 오렌지, 옐로우 계열, 적색을 포함한 브라운 계열은 피한다.

3) 헤어컬러링 배색

(1) 조화(Harmony) : 색상, 명도, 채도가 유사한 색상을 이용한 배색

거의 동일색에 가까운 색을 사용하여 미세하게 톤의 차이를 나타낸 배색기법을 말한 다. 서로 공통성을 가진 요소들의 조화, 동일감, 친근감, 부드러움을 줄 수 있으나 단조로워질 수 있다.

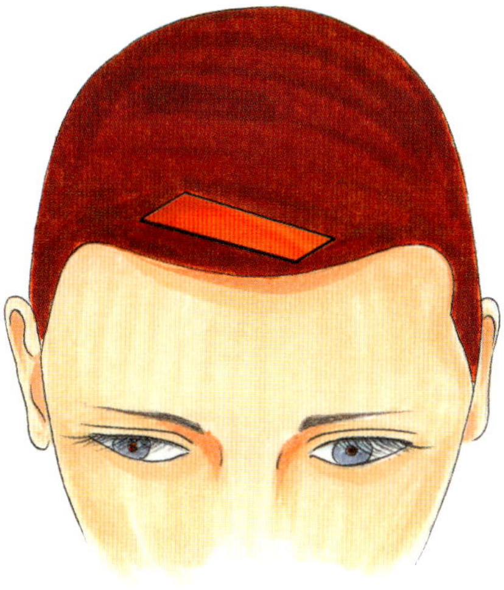

(2) 교차(Shift) : 두가지 이상의 색이 교차되는 배색

두 가지 색상이 교차되어 모발에서 율동감이 표현되고 대조의 느낌을 살리고자 할 때 판넬의 느낌을 표현한 배색기법이다.

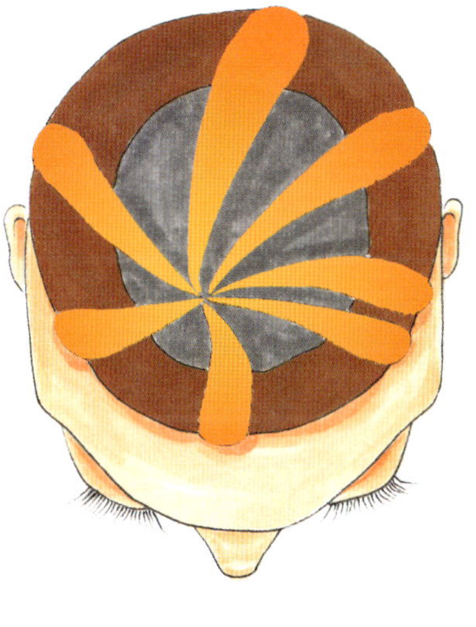

(3) 반복(Repetition) : 한 색상이 모발에 반복되는 배색

싱글 컬러라고도 하는데 가장 일반적이며 한가지 색상으로 터치하는 신생부와의 연결 반복 디자인으로 반사색을 나타내는 배색기법이다.

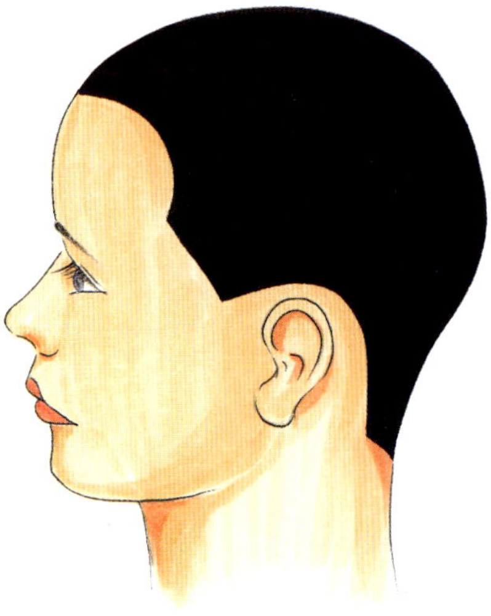

(4) 대조(Contrast) : 대조대비가 현저하게 나타나는 배색

색상 대비란 조합된 색에 의해 시각적으로 두드러지게 나타나는 것을 말하는데 보색끼리 조합했을 때 색상 대비가 가장 크다.

명도 대비란 명도가 높은 색은 보다 높게 느껴지고 명도가 낮은 색은 보다 낮게 느껴지는 대비효과로 대조색의 경우 명도 3도 이상의 차이가 나타날 때 표현된다.

채도 대비란 색의 선명도가 타날수록 그 대비가 커지는 효과로 어두운 색조는 명도와 입체감을 만들고 밝은색은 돌출되어 보인다

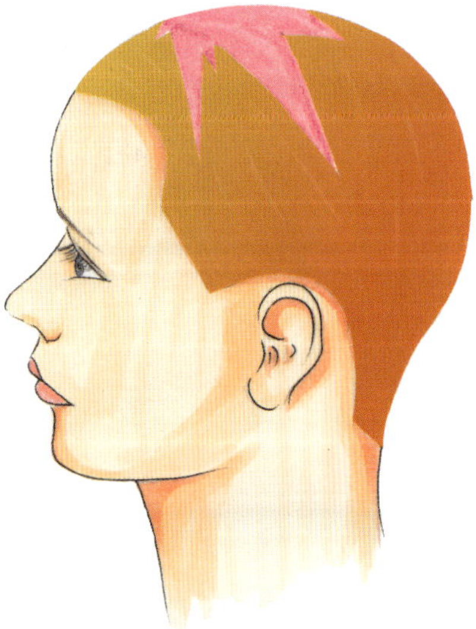

(5) 연속(Gradation) : 유사색과 유사 톤이 점진적으로 변화되는 배색

단계적 변화란 의미로 색채의 배열에 따라 시각적인 단차를 주는 것을 그라데이션 효과라 하고 3색 이상의 다색 배색에서 이러한 효과를 나타낸 배색을 말한다.

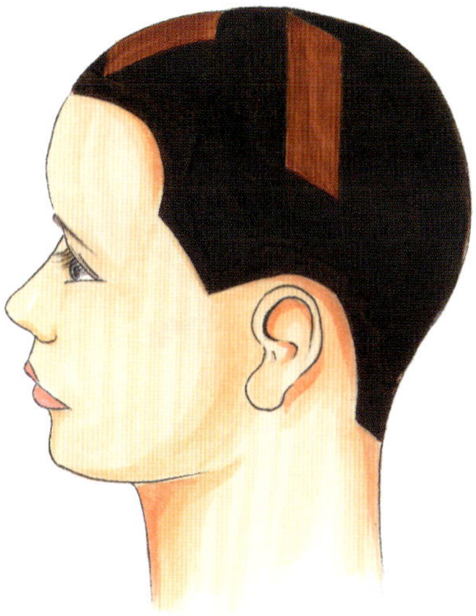

(6) 강조(Accent) : 단조로운 배색에 강조색을 사용하여 변화를 주는 배색

액센트 컬러는 배색 전체의 효과를 짜임새 있게 하는 것으로 색상, 명도, 채도, 톤의 각각을 대조적으로 조합함으로써 가능하다. 액센트 배색의 목적은 전체가 평범하게 대조된 배색에 대하여 큰 변화를 준다거나 부분을 한층 강하게 하여 시선을 집중시킬 수 있는 효과를 주는 배색이다.

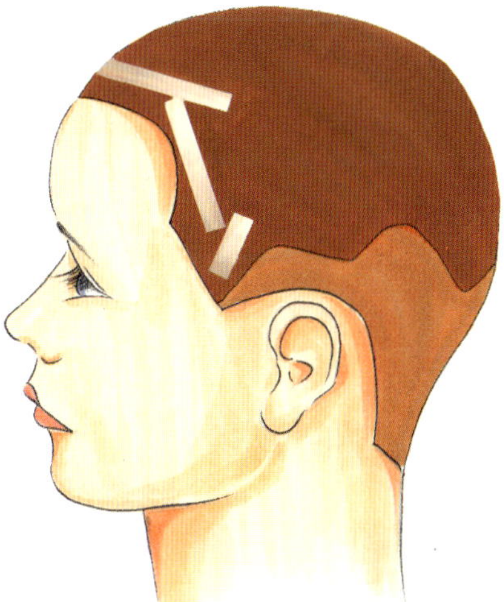

4) 헤어 컬러 디자인

(1) 트라이앵글(Triangles)

헤어커트 라인을 컬러로 강조할 때 비쥬얼(visual)에 따라 원하는 부분에 삼각섹션을 뜨고 그 부분에 염모제나 탈색제를 사용하여 컬러를 나타낼 때 사용하는 디자인 기법이다.

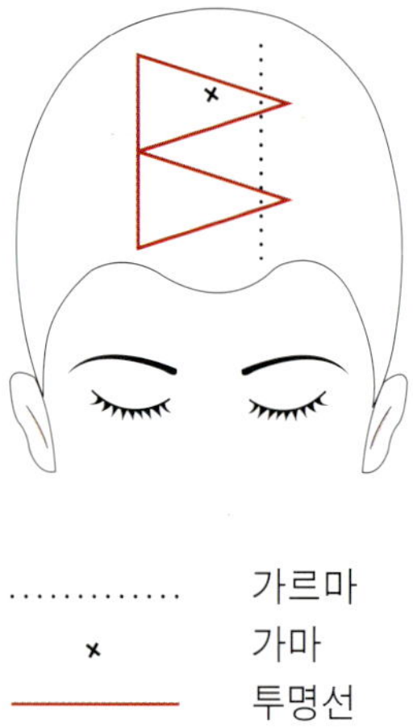

(2) 지그재그(Zig zag)

헤어 컬러에 지그재그의 형태를 주어 불규칙적인 색의 조화를 느낄 수 있도록 하면서 모발의 자연스러움과 입체감을 표현하는 디자인 기법이다. 지그재그 섹션의 폭과 너비는 컬러디자인의 이미지에 맞게 여러 가지로 조절 할 수 있다.

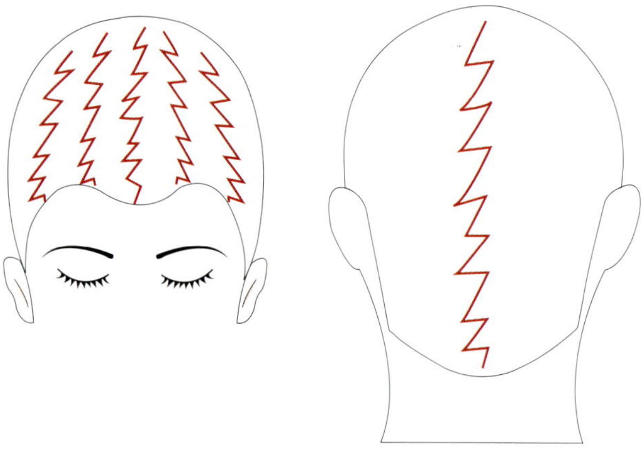

(3) 슬라이스(Slice)와 메쉬(Meche) 혼합

판넬의 한 면은 슬라이스를 하고 또 한 면은 메쉬(홈 뜨기)를 이용한 디자인 테크닉으로 슬라이스의 양과 폭을 많이 시술하면 면적의 느낌이 강하고 메쉬의 시술양이 많으면 선의 느낌이 강해진다. 이 디자인의 장점은 슬라이스와 메쉬의 장점을 모두 활용한다는 점이다.

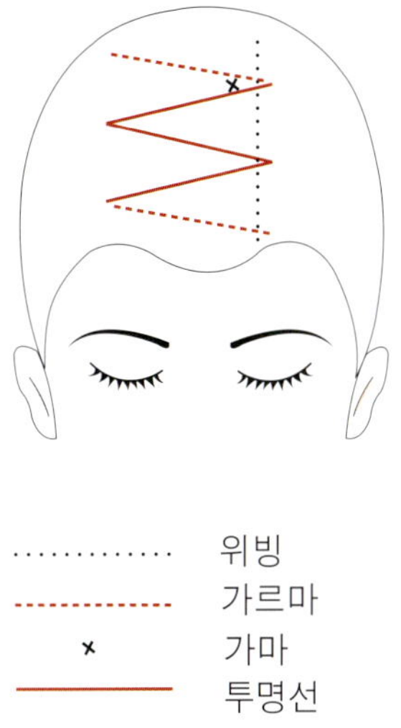

(4) 슈 샤인(Shoes shine)

호일 위에 탈색제나 염모제를 바른 다음 모발의 끝부분에 구두를 닦듯이 문질러 모발 겉 부분만 컬러링하는 디자인 기법이다. 짧은 모발에 사용하면 자연스러우면서 세련된 느낌을 표현할 수 있다.

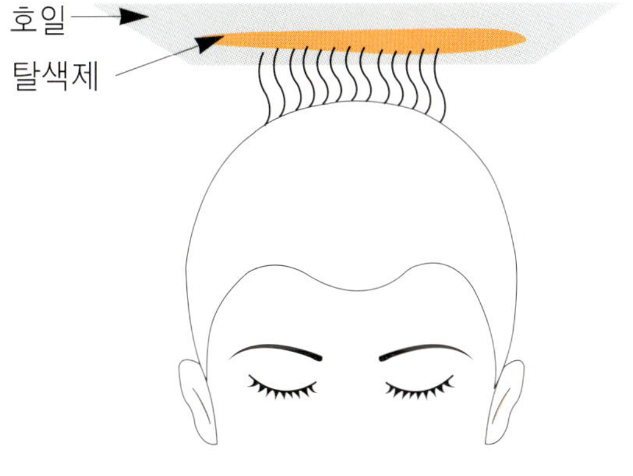

(5) 밴도우즈(Bandeaux)

포인트 또는 플래쉬라는 명칭으로 사용되기도 하는 디자인 테크닉으로 특정부위를 밝게 하거나 강한 색감을 주어 눈에 띄는 악센트를 줄 때 사용하는 기법이다. 베이스 섹션은 사각형으로 하거나 마름모의 형태를 하는 경우가 많은데, 이는 눈에 띄게 하려면 면을 강조하는 베이스를 사용하는 것이 유리하기 때문이다.

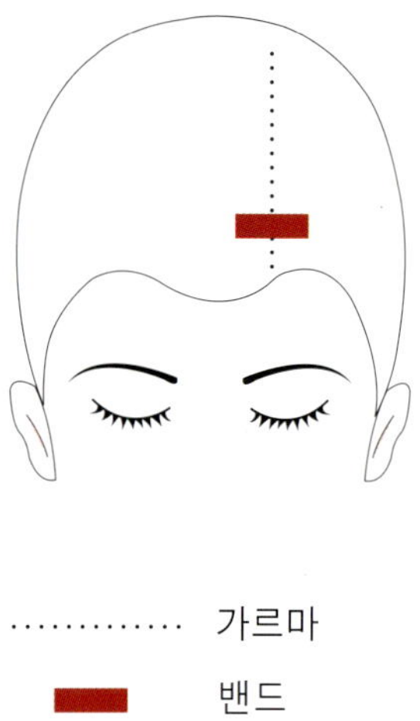

5) 모발 염 · 탈색 응용 테크닉

(1) 슬라이드 테크닉(Slide technique)

모선 끝부분이 자연스럽게 미끄러지듯이 연결되어 모선 끝에 하일라이트를 주며 이중 톤의 색감을 표현할 수 있다.

① 모발의 스트랜드는 어느 방향으로나 대각선으로 슬라이스 하여 잡는다.
② 베이스 폭은 가로 2cm정도, 세로 2~3cm정도로 잡는다.
③ 비율에 맞게 삼각 섹션을 모발의 흐름에 따라 나눈다.
④ V자형으로 약간 깊게 가닥들을 바깥쪽으로 시술하여 뒷부분에 얼룩이 생기는것을 피한다.
⑤ 모선 끝의 색의 밝기가 자연스럽게 밝아지게 터치해 준다.

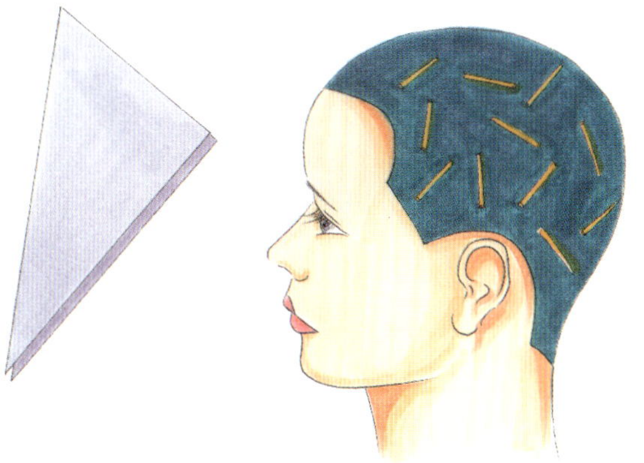

그림 4-4 슬라이드 테크닉

(2) 인 테크닉(In Technique)

페이스라인을 제외하고 모발안쪽에서 다양하게 색상을 표현한 테크닉이다. 헤어스타일의 큰 변화를 원하거나 헤어 커트 전, 후에 주로 시술하는 기법으로 3가지 색상을 동시에 사용하는 컬러터치 방법이다.

① 깊고 일정하지 않은 지그재그 섹션으로 나누어 두상을 따라 스케치 한다.
② 3가지 컬러를 선정한다.
③ 블로킹 섹션을 지그재그로 교차하여 모발 안쪽을 두 파트로 나눈다.
④ 앞머리를 포함하여 사이드, 백포인트에 선택한 염모제를 일차적으로 도포한다.
⑤ 두번째로 결정한 색을 브로킹을 떠 놓은 한쪽 크라운 섹션에만 도포한다.
⑥ 나머지 크라운 부위를 3번째로 선정한 컬러를 도포한다.

※ 신생모 부위를 주의하지 않고 시술할 수 있는 장점이 있다.
색상은 다양하게 제시할 수 있으며 블로킹도 자유롭게 할 수 있다.

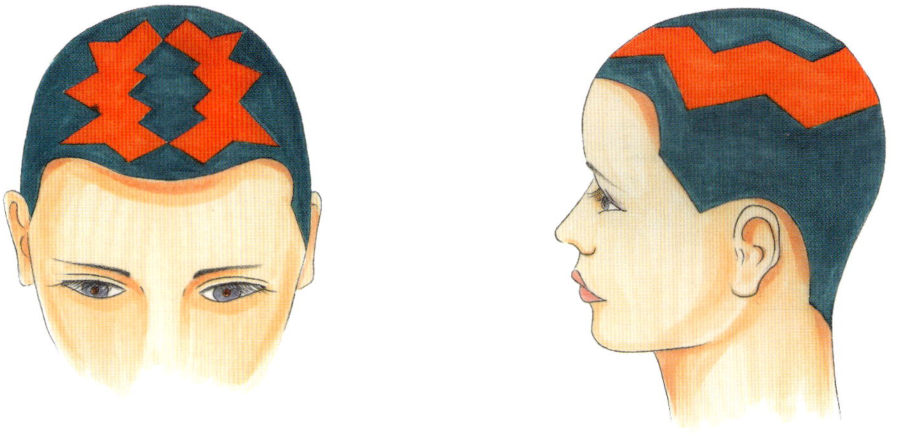

그림 4-5 인 테크닉

(3) 셀로 테크닉 (Cello technique)

셀로판용지나 투명비닐을 이용하여 모발을 하이라이트 하는 기법으로 고객의 이미지를 고려하여 밝은 질감을 표현한 것이다. 시술이 간편하고 방치시간은 10분 정도 소요된다.

① 3개의 롤로 후광적인 빛을 발하게 한다.
② 컬러는 모발의 모근 부분에서부터 시작한다.
③ 3개의 면포를 잡고 모발의 대각선 방향으로 자리를 잡는다.
④ 머리 옆 관자놀이 부분부터 시작하여 크라운 까지 도포한다.
⑤ 머리 중앙의 가운데 부분(크라운)에 도포한다.
⑥ 크라운 부위에서 귀 까지 부분에 도포한다.

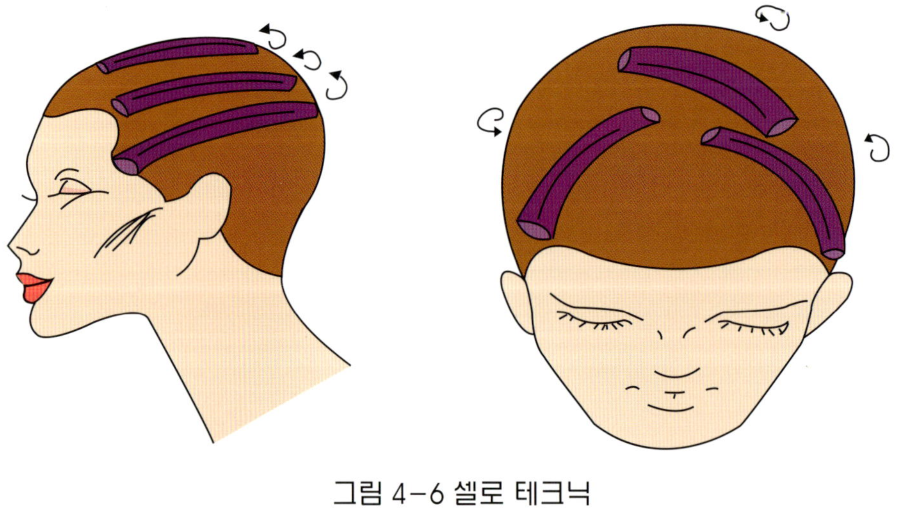

그림 4-6 셀로 테크닉

(4) 백 코밍 테크닉(Back combing technique)

모발 전체에 백코밍을 한 다음 가늘어진 모선 끝 부분에 블리치를 하거나 염색을 하는 테크닉이다. 영구염모제와 블리치를 동시에 사용하는 테크닉이다

① 섹션을 나누어 백 코밍한다.
② 모근부분을 어둡게 염색하고 백 코밍 되어진 모선 끝을 밝은 색상으로 염색을 하거나 블리치를 한다.
③ 컬러 톤의 차이(contrast, 콘트라스트)가 돋보이게 하는 것이 특징이다.

(5) 메쉬(Meche)

하이라이트 디자인 시 많이 사용하는 기법으로 꼬리 빗을 이용하여 바늘로 시침질 하듯 떠가는 섬세한 기법이다. 모발의 색상에 명도차를 주므로 입체감 있는 헤어스타일을 표현할 수 있다.

그림 4-7 메쉬

(6) 발레이야쥬(Balayage)

모선 끝선을 붓 끝처럼 표현하는 기법으로 스트록 커트 스타일에서 샤기 커트 스타일에 이르기까지 모발의 텍스춰를 살리고자 하는 기법으로 모선 끝을 자연스럽게 바람에 흩날리듯이 밝게 연출하는 디자인에 많이 사용하는 기법이다.

(7) **하이라이팅** (High-lighting) : 전체적인 모발보다 부분적인 모발의 스트랜드를 밝게 표현한다.

(8) **로우라이팅** (Low-lighting) : 부분적인 모발의 스트랜드를 전체 모발보다 어둡게 표현한다.

부 록

비산화염료 테크닉

산화염료 테크닉

비산화염료 테크닉

블럭 & 그라데이션

블럭(Block)

판넬에 피스를 고정 → 탈색하지 않을 부분에 스카치 테이프를 붙이고 → 붙이지 않은 부분에 탈색제를 바른 후 호일로 덮고 열처리 5분 → 후처리

그라데이션(Gradation)

판넬에 피스 고정 → 뮤겐스 적자색 칼라를 도포 → 매니아블루를 도포 → 스포트라이트 노란색을 도포 → 스포트라이트의 빨간색 순으로 도포하였다. 맨 위부터 한 칼라를 도포한 후에 다음 칼라와 잘 믹스되도록 손으로 도포하며 끝까지 연결하여준다 → 호일 후 열처리 10분→ 후처리

채도와 명도 비교하기

파스텔 칼라만들기

먼저 명도 10까지 탈색한 후 화이트 베이스에 칼라를 도포한 결과와 노랑의 베이스가 깔려 있는 상태에 칼라를 도포한 결과 채도를 비교 해 본다.

① 레드+노랑 / 적자색+무색 / 노랑+주황 / 파랑+녹색 / 적자색+보라색 / 파랑+녹색+무색 / 녹색+파랑 순으로 2가지 칼라를 혼합하여 파스텔 색조를 만들어 낸다.

② 노랑+무색 / 노랑+녹색 / 파랑+무색 / 적자색+무색 / 청보라+무색 / 노랑+주황 / 빨강+파랑

명도 비교하기

■ 전체 명도 10도까지 탈색한 후

화이트 베이스+주황색 / 노랑 베이스+주홍색 / 노랑 베이스+파랑 / 화이트 베이스+파랑 / 화이트 베이스+청보라 / 보라 베이스+보라 / 화이트베이스+보라 / 화이트 베이스+적보라 / 노랑 베이스+다홍빛 적자 / 화이트 베이스+녹색

■ 명도 1에서 10까지의 베이스 위에

1도 그대로,
2도 탈색후 자연방치 5분,
3도 탈색 후 자연방치 15분,
4도 탈색 후 열처리 5분,
5도 탈색 후 열처리5분, 자연방치 10분,
6 도 탈색 후 열처리, 자연방치 10분씩,
7도 탈색 후 열처리, 자연방치 15분 씩 1회
8도 탈색 후 열처리, 자연방치 15분 씩 2회씩 반복탈색
9도 탈색 후 열처리, 자연방치 15분 씩 3회씩 반복탈색
10도 탈색 후 열처리, 자연방치 15분 씩 4회씩 반복탈색 한 후 후처리
그 위에 빨강 칼라 도포시 명도를 비교한다.

탈색 후 제품별 칼라 비교하기

■ 16세 곱슬모에

→ 탈색제(2)+산화제(2)+필링 마스크(1)을 혼합 후 전기모로 열 15분, 자연방치 15분(호일) 후
→ 2번 모에 일진 메니아 블루와인 도포 후 전기모 15분, 냉타올 15분
→ 2번 모에 일진 메니아 레드도포 후 같은처리
→ 2번 모에 일진 메니아 그린 도포 후 같은처리
→ 2번 모에 웰라스포트라이트 4번 도포 후 같은처리
→ 2번 모에 일진 메니아 블루 도포 후 같은처리
→ 2번 모에 슈바츠코프 이고라핑크 도포 후 같은처리

■ 위와 같은 1차처리 후

→ 일진 메니아 블루와인 도포 후 다시 블루 도포
→ 뮤겐스 오렌지
→ 뮤겐스 적자색
→ 뮤겐스 블루
→ 뮤겐스 그린
→ 슈바츠코프 블루
→ 웰라스포크라이트 6호

■ 탈색제 도포 후 열처리, 자연방치 각각 10분

→ 웰라 스포트라이트 4호
→ 웰라 스포트라이트 6호
→ 슈바츠코프 이고라 블루
→ 슈바츠코프 이고라 그린
→ 슈바츠코프 이고라 핑크(무색100ml+핑크3cm)
→ 슈바츠코프 이고라 적색
→ 슈바츠코프 이고라 오렌지
→ 슈바츠코프 이고라 옐로우

■ 16세 건강모

탈색제(2)+산화제(2)+필링마스크(1)혼합 후 도포, 전기모 15분, 자연 방치 15분 후 2차까지 탈색
→ 일진 메니아 블루와인
→ 일진 메니아
→ 일진 메니아
→ 웰라 스포트 라이트4호
→ 일진 메니아 블루
→ 슈바츠코프 이고라 핑크

■ 염색 후 적색코팅을 시술한 결과

→ 위 모발을 탈색
→ 적색코팅모발에 악세니아 11D(9)+3N(1)으로 염색
→ 탈색모를 8D로 염색

■ 탈색 후 명도에 따른 코팅(노란색)변화

탈색 후 이고라 노란색 코팅

→ 코팅모 → 탈색모

→ 코팅모 → 탈색모

→ 코팅모 → 탈색모

→ 코팅모 → 탈색모

화이트 탈색하기

■ 4차까지 탈색하기(23세 여자 모발)

→ 1차

탈색제(1)+산화제(1.2)+트리트먼트(1)혼합 도포 후 열처리 5분, 자연방치 25분 후 물로 린스 후 트리트먼트제(허블란 팩) 살짝 도포 후 10분 방치

→ **2차**

탈색제(1)+산화제(1.2)+트리트먼트(1)혼합 도포 후 열처리 5분, 자연방치 25분 후 물로 린스 후 트리트먼트제(허블란 팩) 살짝 도포 후 10분 방치

→ **3차**

탈색제(1)+산화제(1.2)+트리트먼트(1)혼합 도포 후 열처리 5분, 자연방치 25분 후 물로 린스 후 트리트먼트제(허블란 팩) 살짝 도포 후 10분 방치

→ **4차**

탈색제(1)+산화제(1.2)+트리트먼트(1)혼합 도포 후 열처리 5분, 자연방치 25분 후 물로 린스 후 트리트먼트제(허블란 팩) 살짝 도포 후 10분 방치

→ **화이트**

온수 90cc+일진메니아 블루와인 1cm+블루 0.6cm 로 코팅

■ 4차까지 화이트 탈색

모든 시술 방법은 열처리 1분, 냉타올 15분

→ 웰라 스포트라이트 4호

→ 웰라 스포트라이트 4호

→ 슈바츠코프 이고라 블루

→ 슈바츠코프 이고라 그린

→ 슈바츠코프 이고라 핑크(무색 100ml+핑크 3cm)

→ 슈바츠코프 이고라 적색

→ 슈바츠코프 이고라 오렌지

→ 슈바츠코프 이고라 옐로우

■ 화이트 탈색 후 회색으로 염색 시 칼라 비교

→ 화이트 블루와인 1cm+블루 1cm=청색이 많이 들어가 푸른빛이 느껴짐
→ 화이트 미숙으로 잿빛이 돔
→ 악세니아(4)+ITP(1), 30분=은회색(silver gray)
→ 11A(4)+ IPT(1), 30분=자연회색(natural gray)
→ 11A(3)+ IPT(1), 30분=연한회색(light gray)

탈색과 트리트먼트탈색의 비교

■ 18세 건강모에 탈색

LPP(0.6)+탈색제(2)+산화제(2)혼합도포 후 전기모 열처리 15분, 자연방치 15분

→ 1차 → 2차 → 3차 → 4차 탈색

■ 18세 건강모에 트리트먼트 탈색

메탄올(1)+산화제(1)+탈색제(1)혼합 도포후 전기모 열처리 15분, 자연방치 15분

→ 1차 → 2차 → 3차 → 4차→ 5차

산화 염료 테크닉

모발의 명도별 탈색 후 재염색하기

1) 자연 칼라 명도 2정도의 모발과 탈색제 도포 후 자연 방치 15분한 탈색모발에 같은 칼라제를 도포했을 때의 결과 색 비교

■ 마지렐 제품

5 / 5.20 / 6.66 / 7.4 / 7.3 / 10 / 10-1

2) 자연칼라 명도4정도의 모발과 탈색제 도포 후 자연방치 15분한 탈색모발에 같은 칼라제를 도포 했을 때의 결과 색 비교

■ 악세니아 / 이고라 제품

8R / 8D / 11D / 11C(까지 악세니아)/ 10N / 10N+0-88(까지 이고라)

3) 자연칼라 명도 3정도의 모발과 탈색제 도포 후 자연방치 15분한 모발에 같은 칼라제를 도포 했을 때 결과색 비교

■ 딕슨 / 웰라 / 바비 제품

8/RO(딕슨) / 11/4 / 9/2 / 8/6 / 8/5 (까지 웰라) / C8 / 7R(까지 바비)

명도 및 명도별 탈색과정

■ 악세니아 레드 제품계열

7RA / 7RA+6R / 6R / 8R /8RA+7RA / 8R+6R / 8R / 8R / 6R

■ 악세니아 블랙 3N 제품

명도별 탈색과정

제품별 그레이믹스를 비교

■ 세바스찬 코팅 아디 / 웰라 8-8 / 웰라6-8 / 웰라 11-1 / 로레알 / 딕슨 / 악세니아

백모커버(2가지 칼라를 믹스한 상태에서의 결과색 비교)

■ 마지렐

6(3/4)+10(1/4) / 7.3(3/4)+10(1/4) / 7.43(3/4)+10(1/4) / 7.43(5)+7.3(5)

■ 마지렐

5.3(3/4)+10(1/4) / 5.3(1/2)+6(1/2) / 악세니아 10D(2)+3N (1) / 4N(5)+8D(5)

용어정리

· **가루탈색제**(Lightener)
강하고 빠르게 작용하는 분말 블리치제

· **건조모**
건조한 모발로서 손상이 진행되고 있는 모발이라 볼 수 있다.

· **결절 열모**
손상모에서 일반적으로 많이 보여지는 머리카락이 여러가닥으로 갈라지는 증상으로서 선천적인 원인과 후천적인 원인이 있다.

· **겹치기**(Overlapping)
염모제나 탈색제를 이미 처리한 모발 위에 연장해서 도포할 때 일어나는 현상으로 사용하는 제품에 따라 컬러띠가 만들어지거나 색상이 흐트러지기도 한다.

· **경계선**(Line of Demarcation)
눈에 띄는 분리선으로 머리가닥에서 명백히 드러나는 두 컬러의 차이 또는 신생모와 기염부의 모발에 생기는 색상차이에 의한 선을 의미한다.

· **경모** (Terminal hair)
두피와 얼굴 손, 발에서 발견되는 거칠고 두껍고 착색된 모발

· **교대**(Alternation)
하나에서 다른 하나로 되풀이해서 컬러를 바꾸어 표현하는 것이다.

· **기모**
모발이 세로로 갈라지는 상태이다.

· **기본색상**(Color base)
자연적으로 가지고 있는 자연모발의 색상

· **기염모**
헤어 컬러링한 색상이 남아있는 모발이나 그 부근의 머리카락를 말한다.

· **난색**(Warm color)
따뜻한 느낌의 색이나 팽창하여 보이는 색으로 노랑 ,주황, 빨강색 계통을 말하며, 모발염?탈색에서는 적빛이나 금빛, 구리빛이 도는 색상을 난색계라고 한다.

· **내추럴 컬러**(Natural Color)
모발을 염색 또는 탈색을 하지 않은 자연모 상태의 색상, 또는 화려하지 않으면서 튀지 않는 자연스런 느낌의 모발 색조를 말한다.

· **다공성모**(Porosity Hair)
피질세포를 구성하는 C 케라틴 (간충물질 r-keratin)이 자외선, 과산화수소등에 의해 분해되어 빠져나감으로서 구멍이 생긴 모발

· **다모증**(Hypertrichosis)
모발의 불필요하게 과도한 성장 또한 불필요한 모발 또는 조모증(Hirsutism) 이라고도 한다.

· **단백질 컨디셔너제**(Protein conditioners)
물리적, 화학적으로 제거된 케라틴을 대신하여 모간에 침투하여 모발을 보호해주는 제품이다.

· **대조**(Contrast)
디자인에 흥미와 다양성, 재미를 자아내는 반대되는 요소들의 관계로서 따뜻한 색조이든 차가운 색조이든 최소 명도 3도 이상 차이가 나는 두 가지 색상을 활용하여 모발을 염색하는 것이다.

· **더블-프로그레스 테크닉(이중 처리 기법**: Double-progress Technique)
컬러 서비스를 두 단계로 시술하는 것으로 먼저 모발을 미리 설정해 놓은 명도로 탈색한 다음 최종적인 컬러를 얻기 위해 모발을 재 염색한다.

· **데미지 헤어**(Damage Hair)
물리적, 화학적, 생리적인 영향 등으로 손상된 모발. 소상된 모발은 건강한 모발에 비해 윤기가 없고 거칠며 심하게 손상된 경우에는 쉽게 끊어지기도 한다.

· **두부백선** (Tinea capitis of scalp)
세균에 의한 감염으로 모발이 끊어지기도 한다.

· **등전점**(Isoelectric Point)
단백질 분자가 전기적으로 중성이 되는 pH를 말하며 모발의 등전점은 pH4.5~5.5의 약산성이다. 모발이 등전점의 pH를 가지는 용액에서는 큐티클 층이 닫혀있어 매우 안정된 상태가 되나 모발이 알칼리용액에 있을 경우 모발의 큐티클층이 열려진다.

· **디자인 법칙**(Design Principles)
디자인 요소들이 따라야 할 예술적인 배열 패턴이다.

· **딥 클린징**(Deep cleansing)
원하지 않는 명도와 색조를 지우고 싶을 때 사용하는 방법이다.

· **라이트닝**(Lightning)
머리에서 천연 또는 인공색소를 빼주는 것으로 모발 탈색, 모발탈염, 블리치와 동의어로 사용됐다.

· **로우라이팅**(Low-lighting)
선별된 위빙 혹은 슬라이싱된 머릿단을 어둡게 염색 처리하는 기법이다. 백모염색이나 하이라이트에서 모발의 색이 밝게 나왔을 때, 전체를 동일한 컬러로 어둡게 도포해주는 것이 아니라 부분적으로 어두운 칼라를 입혀 음영을 주면 전체적으로 차분한 분위기를 연출할 수 있다.

· **롱-래스팅 반영구 염모제**(Long-lasting Semi-permanent Hair Color)
일반적으로 암모니아를 함유하고 있으며 착색전용 염모제이다.

· **리터치**(Retouch)
염색한 후 자라난 모근부의 머리카락(신생부)을 다시한번 염색해주는 것으로 신생부는 이전과 같은 칼라로 도포해 주는것이 기본이지만 기염부의 중간과 모발끝이 이미 퇴색하기 시작했고, 헤어 손상도 고려하여 볼때 약간 엷은 칼라로 번지듯 가볍게 처리해주는 것이 좋다.

· **리터치 테크닉**(Retouch Technique)
신생모 부분에 염모제나 탈색제를 도포하는 것이다.

· **매트**(Matt)
윤기 없고 밋밋한이라는 뜻으로 밝은 광선이 고르게 반사되는 대신에 흩어져 반사되어 모발에 윤기 없게 보임

· **명도**(Depth)
특정 모발 색상의 밝고 어두운 정도

· **명도**(Level)
색의 밝고 어두움, 그리고 깊이로 모발염색과 탈색에서는 명도1(검정색)에서 명도 10 또는 명도 12(아주 밝은 황갈색, 가장 밝은 금발)에 이르는 모발색에서의 밝음과 어두움의 정도를 나타낸다.

· **모구**(Bulb)
모질세포와 멜라닌세포로 구성

· **모낭**(Hair follicle)
모근 부위를 싸고 있는 내외층의 피막

· **모노에탄올아민**(Monoethanolamine)
점성의 액체로 비누 제조에 사용, perm, color제의 알칼리제로 쓰이며 잔류성이 높아 세발을 완전히 하지 않을 경우 모발 손상과 변색을 유발

· **모발의 조직구조**(Hair histology)
모발의 극히 미세한 구조

· **모발팽윤**(Hair swelling)
알카리 상태에서모발은 팽창해 염모제 등이 모발에 쉽게 침투할 수 있게 된다. 염모제와 탈색제, 펌 용제는 모두 알카리 (pH7.0~10)이다.

· **모발학**(Trichology)
모발과 그것의 질병에 대한 과학적인 연구

· **모세혈관**(Capillary vessel)
모유두에 영양공급

· **모유두**(Papilla)
모구에 산소와 영양공급

· **모표피**(Cuticle)
모발 바깥 부분의 투명한 층

· **모피질**(Correx)
모발에서 가장 중요하며 가장 많은 비율을 차지하는 부분으로 전체 부피의 75~90% 정도를 차지한다.

· **미립자**(Granule)
멜라닌을 포함하는 미세한 입자

· **라이트너**(Lightener)
탈색제로서 자연 색소를 탈색하는데 사용되는 제품, "블리치"라고도 부른다.

· **레벨**(Level)
특정 모발 색상의 밝고 어두운 정도

· **마이크로 피브릴**(Micro fibril)
11본으로 구성 중심에 2본 원주상에 9본

· **매크로 피브릴**(Macro fibril)
3본의 실과 같은 것이 새끼줄처럼 꼬여서 결합된 구조

· **메쉬** (Méche)
불어로 머리다발이라는 의미를 갖으며, 전체가 아닌 머리 일부에 칼라를 넣어주는 테크닉으로 동일한 칼라 시술보다는 전체적인 디자인과 발란스를 고려해 몇 군데에 여러 가지 컬러를 입히거나 탈색해준다.

· **메저 컵**(Measure cup)
눈금있는 컵

· **멜라닌**(Melanin)
모발의 색을 결정하는 천연색소. 모피질, 모수질 중에 존재하고 모표피에는 존재하지 않음, 모발의 색조를 바꾸기 위한 가장 쉬운 방법은 멜라닌을 탈색시키는 것이며 멜라닌을 탈색하기 위해서는 환원탈색과 산화탈색의 2가지 방법이 있다.

· **반복**(Repetition)
특정 부분 혹은 전체적으로 하나의 색상이 되풀이되는 것이다.

· **반영구염모제**(Semi-permanent Hair Color)
모표피 안으로 인공색소가 약간 침투하여 샴푸를 몇 번 할 때까지 컬러가 남아있는 비산화 염모제이다.

· **발색**(Develop)
염모제가 의도했던 결과를 얻기까지 필요한 시간으로 방치시간으로도 불린다.

· **발수성모**
모발의 모표피에 지방분이 많고 수분을 배척하는 성향을 가진 모발

· **백륜모**
모발에 흑백의 반점이 생기는 모발로서 원인불명이다.

· **백발**
멜라닌 색소가 소실된 모발

· **백콤컬러**(Back Comb Color)
머리를 백콤으로 세워준 후 고무장갑을 끼고 염모제를 손끝에 덜어가며 머리끝을 잡아쥐거나 문질러 불규칙하게 칼라를 입히는 테크닉이다.

· **베이스**(Base)
모발에 미용시술을 실시하기 위해 두피부분의 모발을 정사각형, 직사각형, 부채꼴, 삼각형 등으로 베이스 모양을 떠서 원하는 일정량의 머릿단을 취하게 된다. 즉 스트랜드(머릿단)의 두피 부위의 머리카락부위를 말한다.

· **베이스-투-엔즈 어플리케이션**(Base-to-ends Application)
동시에 베이스에서 모선까지 머리가닥 전체에 염모제를 도포하는 기법으로 자연모에 어두운 색으로 도포할 때 이용된다.

· **보색**(Complimentary Colors)
색상환에서 정반대에 위치하는 색으로 보색관계의 2가지색을 섞으면 갈색 혹은 검은색이 된다. 동일한 양으로 혼합되었을 때, 이 색상들은 두 색상과는 닮지 않은 중화된 색조를 만들어 내지만, 동일하지 않은 양으로 혼합되면 비율이 적은 색상이 강도를 잃게 되거나 우세한 색상을 중화시킨다.

· **볼륨**(Volume)
수용액에 용해된 과산화수소의 농도, 수용액 volume 당 방출되는 산소의 부피로 표현된다. 과산화 20volume은 용액의 1pint(liter) 당 20pint (9.4liter)를 방출한다.

· **분산**(Dispersing)
멜라닌이 탈색제에 의해 변화되는 것

· **블리치 레벨**(=**언더 코트**Under coats)
모발을 탈색할 때 얻어지는 바탕색상

· **비강성 탈모**
건조된 비듬에 의한 탈모이다.

· **비강진**(Pityriasis)
두피의 가장 바깥 층의 피부로부터 평평한 비늘모양 또는 얇은 조각의 과다한 수로 인해 떨어져 나가는 것에 의한 피부병 일반적으로 비듬이라고 불린다.

· **비늘모양**(Imbrications)
모발 표피에 비늘모양으로 포개져 있는 형태를 말한다.

· **비산화염모제**(Non-oxidative Hair Colors)
산화작용 없이 색소를 착색시키는 염모제로 모발의 자연색소를 탈색시키지 않는다.

· **산**(Acid)
용액속에서 이온화하며 용제의 양이온을 주는 물질

· **산도**(pH)
액체 용액의 산과 알칼리의 정도. pH는 0에서 14까지 수치로 표현되는 척도이며 pH7은 중성이다.

· **산성 컬러**(Acid Color)
pH가 약산성으로 과산화수소수를 사용하지 않으며 주로 반영구적인 염모제이다.

· **산화염모제**(Oxidative Hair Colors)
색상을 영구적으로 탈색 또는 착색시킬 수 있으며 색상이 나오도록 하기 위해 2제(주로 과산화수소수)가 필요한 염모제이다.

· **산화제**(Developer)
모발 염 · 탈색제의 2제로서 주로 과산화수소수가 사용된다. 산성의 pH도를 나타내는 약제로 산화염모제나 탈색제와 혼합되어 모발을 탈색시키며 다공성모를 만들고 컬러분자를 발색시킨다. 수용액에 든 과산화수소의 농도에 따라 발생되는 산소의 량이 달라 탈색의 정도가 달라진다. 1.5%(5볼륨), 3%(10볼륨), 6%(20볼륨), 9%(30볼륨), 12%(40볼륨)이 있다.

· **삼차색**(Tertiary colors)
노랑+초록, 노랑-오렌지, 빨강-오렌지, 빨강-보라, 청색-녹색, 청색-보라 등의 기본색상과 이차색상을 혼합하여 만든 색상

· **색상범주**(Fields of color)
색상의 일반적 세 범주. 밝은, 중간, 어두운 범주

· **색상환**(Color Wheel)
12가지 색상이 원형으로 배열되어 있으며 1차색에 따라 그 어떤 혼합색도 만들어 낼 수 있다.

· **색소**(Pigment)
모발의 색을 나타내는 모든 자연색소 또는 인공색소

· **색소강화제**(Intensifier)
어떤 산화염모제나 비산화염모제에 더해서 컬러를 풍부하게 하고, 강화시키거나 색조를 떨어뜨리는 희석하지 않은 염모제

· **색조**(Pigment)
자연 또는 인공의 색

· **선천성 질병**(Congenital disease)
태어날 때부터 가지고 있는 질병

· Semi-permament hair coloring
반영구적 염모제(직접염료)

· **소낭**(Follicle)
모낭이라고도 하며 모발이 형성되는 피부의 오목한 부분

· **손상모**
여러 가지 모발 손상요인에 의해 손상이 된 토탈

· **수소이온**(Hydrogenion H+)
물분자가 이온화 될 때 생성되는 음전하의 산소와 수소원자. 이것이 음이온인 이유는 이온화를 통해서 얻어진 여분의 전자 때문이다.

· **수질**(Medulla)
모발 중앙을 따라 공기로 채워진 공간

· **시술 전 컨디셔닝**(Preconditioning)
모발의 손상을 막기 위해 강한 화학약품의 시술 전에 사용하는 컨디셔너이다.

· **시스테인**(Cystein)
자연적으로 생겨나는 아미노산, 시스테인은 적멜라닌 생성에 도움을 준다.

· **신생모**(New Hair)
컬러한 후 새롭게 자라난 모발이나 그 부근을 말한다.

· **스트랜드 테크닉**(Strand Technique)
일정량의 머리다발로 패널 하나하나마다 다른 색감의 칼라를 넣어 단색으로는 표현하기 힘든 입체감을 살려주는 테크닉이다.

· **스트랜드 테스트**(Strand Test)
두 가지로 나눌 수 있는데 먼저 모발 염?탈색 시술 전에 방치시간, 정확한 처방을 선택했는지의 여부를 확인하고 전체적인 모발의 요건을 알아보기 위해 해보는 모발 테스트를 하는 경우와 컬러의 발색 시 컬러를 도포하고 나서 방치 시간을 알아보고 모발이나 두피에 어떤 압박이 가해지는 지를 평가하기 위해 방치시간 중에 행하는 모발 테스트가 있다.

· **스트리킹**(Streaking)
아주 가늘게 밝은 컬러를 한줄 넣어서 모발에 콘트라스트를 주는 컬러테크닉이다

· **슬라이싱 테크닉**(Slicing Technique)
슬라이스란 잘라낸 한 부분이란 뜻으로 머리다발을 작고 얇게 뜬 후 그 상태에서 헤어칼라를 넣는 테크닉으로 라인이 강조된다.

· **아미노산**(Amino acid)
인체에 단백질을 만드는데 사용되는 일련의 자연화학 물질

· **암모니아**(Ammonia)
화학식 NH_3 질소와 수소의 화합물로서 고대 이집트의 태양신 암몬의 사원 부근에서 산출되는 염을 '암몬의 소금'이라 하였는데 이 말이 와전되어 그 당시 소금과 오줌으로 만들었던 염화암모늄을 가리키게 되고 후에 이것에서 얻는 것이라하여 암모니아라는 이름이 생겼다. 암모니아를 처음 인공적으로 만든 것은 1774년 J.프리스틀리이다. 대기중에는 소량 존재하며 천연수 속에도 미량이 존재하는 경우가 있다. 또 흙 속에는 세균에 의한 함질소유기물의 분해생성물로서 함유되어 있다.

· Icc(International color code)
국제 칼라 코드 시스템

· **알카리**(Alkalli)
용액 속에 있는 수산화이온을 끌어 당겨서 pH를 7이상으로 높이는 화학약품 또는 물질

· **알카리성**(Alkaline)
수산화 이온을 포함하고 있으며 pH가 7이상인 용액을 지칭한다.

· **애프터 블리치**(After Bleach)
보통은 모발 탈색 후 산성컬러나 헤어매니큐어를 도포해 주지만 반대로 산성컬러나 헤어매니큐어를 먼저 도포하고 나중에 모발을 탈색 해주는 것이다.

· **언더 코트**(Under coats)
모발을 탈색할 때 얻어지는 바탕색상

· **연모, 솜털**(Lanugo)
몸의 전신에 다 있는 얇고 가볍게 착색된 모발

· **연주모**
이상모발의 일종

· **염료**(Dyes)
기본, 이차, 삼차색상을 제공하는 화학 분자들, 화학자들은 이러한 염료들을 다른 화학 물질들과 혼합하여 염모제를 만든다.

· **염류결합**(Salt bond)
근처의 단백질 사슬들을 묶는 4가지 유형의 결합 또는 이력 가운데 하나 상이한 전하들간의 인력

· **영구적인 염모제**(Permanent Hair Color)
산화염모제 혹은 틴트로 알려져 있다. 모발색을 바꾸기 위한 화학작용을 일으키기 위해 산화제를 필요로 한다. 결과적으로 나오는 색상은 모발이 자라나오거나 커트할 때까지 지속된다.

· **얼룩 방지 크림**(Barrier Cream)
얼룩을 방지하고 고객의 피부를 보호하기 위해 사용하거나 염색되지 않은 모발을 보호하기 위해 쓰이기도 한다.

· **원형탈모증**
두피의 일부가 갑자기 원형으로 탈모되는 증상이다.

· **유멜라닌**(Eumelanin, **입자형 멜라닌**=granular pigament)
멜라닌의 한 유형으로 검은 모발, 갈색 모발에서 우세하게 많은 자연색소

· **유화작용**(Emulsion=**액상화**)
염색도포 후 샴푸하기 전에 모발을 따뜻한 물로 적신 다음 모발과 두피를 마사지함으로 인공색소 안착을 도와주고 두피에 묻은 염색제가 잘지워 지도록 하는 작용이다.

· **위빙** (Weaving)
위빙이란 '짜다, 엮다'의 의미로서 유럽에서 먼저 제안된 테크닉으로 베이스부분과 명도를 달리하여 음영효과를 내는 것이다. 슬라이스한 스트랜드의 머리다발을 빗끝을 이용하여 일정 간격으로 지그재그 엮어내듯이 섹션을 떠서 빼준 후, 그 부분에만 컬러링하는 테크닉이다.

· **이상탈모**
정상적인 탈모가 아닌 유전적, 물리적, 화학적, 기계적 원인에 의한 이상현상으로 생기는 탈모현상

· **이온** (Ion)
전자를 얻거나 잃은 원자로 이루어진 분자를 지칭한다.

· **이온화** (Ionization)
한 분자의 분해로 수소양이온과 수산화 음이온이 형성된다.

· **이차색** (Secondary color)
기본 색상을 서로 섞어 만든 색상으로 오렌지(노랑과 빨강), 보라(빨강과 청색), 녹색(노랑과 청색)이다.

· **인공색소** (Artificialhaircolor)
약간 진한 밀도를 갖고 흘러내리지 않게 인공적으로 만든 화학 염모제이다.

· **일시적인 염모제** (Temporay Hair color)
인공색소가 모발 바깥층을 싸주며 대개 샴푸 한 두 번이면 퇴색되어 버리는 비산화 염모제

· **입모근** (Arrector)
긴장 충격시 털을 수축시키는 작용

· **자연모** (Virgin Hair)
펌, 스트레이트, 헤어컬러링 등의 화학적 미용시술을 한 적이 없는 손상 없는 모발로 한국인의 표준 모발색은 3~5톤이다.

· **자연모발 색상** (Hair color natural)
멜라닌에 의한 자연적인 모발 색상

· **자율신경** (Autonomic nerve)
단백질 합성효소에 작업명령 전달

· **조널 패턴** (Zonal Pattern)
띠 모양의 패턴으로 어떤 디자인에서 마디로 구분되어 따로이 컬러링되는 부분이다. 띠 모양 전체 혹은 몇 가지 모양으로 나누어 염모제를 도포할 수 있다.

· **조모증**(Hirsutism)
필요하지 않은 부분에 모발의 밀도가 과도한 증세

· **조화**(Harmony)
명도나 색조가 비슷한 색들의 보기 좋은 조합이다.

· **중화하기**(Neutralize)
색조를 바꾸고 싶을 때 보색을 이용하여 중화한다.

· **지루성 탈모**
피지선의 과다한 피지분비로 인한 탈모이다.

· **진행**(Progression)
상승 혹은 하강조로 점차적으로 색상이 변하는 것을 말한다.

· **착색**(Deposit)
모발의 색을 원하는 색으로 바꾸기 위해 인공색소를 더해주어 모피질내에 안착시키는 것이다.

· **채도**(Intensity)
색의 선명도나 순도를 나타낸다.

· **처녀모**(Virgin hair)
화학적 시술을 전혀 하지 않은 자연모

· **처방**(Fomula)
염료들과 2제를 혼합해 특정색을 만드는 것

· **축모**
자연 곱슬머리로서 원인은 분명치 않으나 유전에 의한 것이라고 볼 수 있다.

· **커버력**(Coverage)
흰머리를 염색하는 능력

· **컬러**(Color)
빛이 어떤 특정한 물체에 반사되어 나올 때 얻게 되는 시각적 효과이다.

· **컬러 리무버**(Color remove)
두피나 훼이스라인에 묻어 있는 염모제를 지우는데 쓰인다.

· **컬러매치**(Color match)
명도와 색조가 퇴색되어 너무 밝아 어두운 색조로 염색하려고 할 때 그 부분에 제 1제의 색소를 더 넣어 주는 방법이다.

· **컬러의 범주**(Fields of Color)
밝음 또는 어둠에 따른 일반적인 모발색의 범위로 어두운, 중간 어두운, 중간, 중간 밝은, 밝은, 아주 밝은 등의 색의 범위이다.

· **컬러테스트**(Color Test)
염모제를 도포하고 방치시간이 경과되면 세정할 때까지 중간에 부분적으로 머릿단을 선택하여 잘 닦아준 후 컬러링 상태를 체크하는 것으로 체크할 머릿단의 컬러제를 타올이나 티슈로 완전히 닦아낸 후 색상의 변화를 테스트한다.

· **컬러플레임**
색의 보정을 의미하며 색을 균일하게 내기 위해 전처리로 모발의 베이스 컬러를 정리 해주는 것으로 너무 밝아진 부분을 어둡게 할 때 사용하는 테크닉이다.

· **케이프**(Cape)
염색시 어깨에 두르는 어깨보

· **케라틴**(Keratine)
모발을 구성하는 불용성 단백질로 20가지 정도의 아미노산에 의해 소낭(follicle) 안에서 형성된다. 케라틴은 모발 무게의 95%정도를 차지한다.

· **코텍스**(Cortex)
모피질

· **큐티클**(Cuticle)
모표피

· **클린징**(Cleansing)
원하지 않는 색조를 지울 때 시술하는 방법

· **탄성**(Elasticity)
외부의 힘에의해 변형을 일으킨 물체가 힘이 제거되었을때 원상태로 돌아가려는 성질

· **탈모증**(Alopecia)
일시적 또는 영구적인 대머리 또는 탈모
(1) 원형 탈모(Alopecia areata) : 두피의 일부분에 타원형의 형태로 머리카락이 빠지는 증상
(2) 조기 탈모(Alol)ecia prematura) : 중년이 되기 전에 이루어지는 탈모
(3) 고령 탈모(Alopecia senilis): 고령의 나이에 이루어지는 탈모
(4) 완건 탈모(Alopecia totalis) : 영구적인 완전 탈모

· **탈색**(Bleach)
자연색소를 변화, 분산시켜 모발의 색소를 제거

· **탈색**(Decolorize)
모발의 자연색소를 산화시켜 모발의 색을 밝아지게 하는 과정으로 모발염색을 위한 바탕색을 만들 때 활용되기도 한다. 기존의 인공색소를 제거하는 과정은 탈염이라고 한다.

· **탈색제**(Lightner)
자연색소를 탈색하기 위한 제품으로 블리치제로도 알려져 있다. 가루형 탈색제는 일반적으로 두피에 도포하는 제품이고 크림, 오일 혹은 젤 타입 탈색제는 두피에서 떨어져 도포하도록 고안된 제품이다.

· **탈염**
염색된 모발 내에 존재하는 인공색소를 제거하는 것

· **토너**(Toner)
가장 밝은 명도까지 탈색된 모발용으로 고안된 파스텔컬러이다.

· **톤**(Tone)
톤이란 밝기(명도)와 선명함(채도)를 합친 색의 조율로서 컬러 챠트에서는 1~10까지의 숫자로 표시되는 경우가 많고 한국인의 머리는 3~5까지의 톤이 표준이 된다.

· **톤 온 톤 염모제**(Ton on ton color)
pH8.0~9.0의 약알칼리제이며 밝게는 할 수 없다.

· **퇴색**(Faded Color)
색이 빠져버리는 것으로 모발탈색 시술 시 모표피 층을 많이 열어 주기 때문에 그만큼 색깔이 빠지기도 쉽고 퇴색하기도 쉽다.

· **투터치**(Two Touch)
모발의 길이, 도포순서와 온도차에 의한 얼룩을 방지하기 위해 우선 신생모 부위, 염색속도가 느린 부위부터 염모제를 도포하고 그 다음에 염색 속도가 빠른 부분을 도포하는 방법이다.

· **티니아**(Tinea-**버짐**)
작은 물집의 원형 염증부분처럼 나타나는 균류에 의해 발생하는 매우 전염성이 높은 염증 보통 버짐이라고 부름

· **티로신**(Throsine)
자연 멜라닌 생성을 위한 필수 아미노산

· **틴트**(Tint)
산화염모제

· **파라-페닐렌디아민**(Para-phenylenedianine)
대개 PPDA라는 약자로 쓰이며 영구적 모발 염색제 거의 대부분에 사용되는 산화성 염료

· **패치테스트**(Patch Test)
산화염모제는 피부에 부작용을 일으킬 수 있으므로 고객의 알레르기 과민성 여부를 확인하기 위해 염색 시술 48시간 전에 실시하는 피부알레르기 반응 테스트이다.

· **페오-멜라닌**(Pheo -melanin,**분사형 멜라닌**=diffuse pigament)
황색이나 적색을 나타내는 멜라닌으로서 금발머리나 붉은색의 머리카락을 만든다.

· **페이스라인 컬러**(Face-line Color)
페이스라인에 컬러링하는 테크닉으로 머리를 쓸어 올렸을 때 컬러부분이 보이는 엑센트 테크닉이다.

· **표피**(Epidermis)
표피, 진피, 피하조직으로 구성된 피부의 가장 바깥층

· **프로토 피브릴**(Proto fibrl)
α-헬릭스 3본이 새끼줄처럼 꼬여서 결합된 구조

· **프리소프트닝**(Pre-softening)
저항성 모발이나 신생부가 길 때 또는 흰머리에 모발염색이 잘 되도록 과산화수소수를 도포하고 10~15분 열처리한 다음 염모제를 도포하는 시술방법이다.

· **프리 칼라레이션**(Pre-coloration)
명도와 색조가 퇴색되어 너무 밝아 어두운 색조로 염색하려고 하는데 민감한 모발에 시술하는 방법이다.

· **피지선**(Sebaceous glands)
피지를 분비하는 선

· **피질세포**(Cortical cell)
소량의 멜라닌 색소를 함유하며 매크로 피브릴과 간충물질이 있다.

· **픽업**(Pick-up)
하이라이트용의 고무캡에서 적당량의 모발을 빼내어 그 부분만 칼라를 넣어주는 테크닉이다.

· **하이라이트**(Highlight)
'눈에 띄다, 밝은 부분, 광채'를 의미하며 모발 염?탈색에서는 부분적으로 선택한 모발을 밝게 만드는 것을 의미한다. 색의 명암을 확실히 살려서 단색 염색만으로는 부족하기 쉬운 머리의 움직임, 입체감, 부드러움을 연출하게 한다.

· **하이 리프트 틴트**(High Lift Tint)

자연 멜라닌을 명도 3~5레벨 정도 올리고 차분한 색조를 착색시킬 능력을 가진 염모제로서 한 번의 처리로 높은 명도로 탈색 작용과 약간의 색상을 착색시킬 수 있다.

· **하이블리치**(High Bleach)

산성컬러, 헤어 매니큐어로 선명한 색을 살리고 싶을 때, 흑모에서는 연출하기 어려운 차가운색(청색,보라,녹색)을 확실히 내고 싶을 때, 먼저 블리치하여 멜라닌 색소를 제거 후 명도를 높여야 한다. 그러나 일반적인 블리치로는 갈색이나 붉은 기운이 남아 그 다음에 시술할 칼라가 깨끗이 먹히지 않기 때문에 처음부터 블리치로 백색에 가깝게 탈색을 해주어야 한다. 2제의 농도를 높여 주면 탈색이 쉬우나 국내에서는 9%(30볼륨)라는 한정이 있으므로 블리치과정을 2~4번 반복하여 도포해 준다.

· **한색**(Cool Color)

차가운 느낌으로 수축되어 보이는 색을 말하며, 청, 연청, 청록계통의 색상으로 무채색도 한색에 속한다. 염모제의 경우 따뜻함이 없는 컬러, 재빛 계열의 색 혹은 칙칙한 색을 포함한다.

· **한선**(Sudoriferous gland)

땀을 분비하는 선

· **헤나**(Henna)

이집트 원산의 로우소시아(lawsoshia)라는 식물의 잎에서 추출한 컬러제로 분말상태의 것을 물이나 다른 약품에 섞어서 도포한다. 허브의 일종으로 인도에서는 '마헨디 '라고 부른다. 탈색 작용은 없고 모발내부에 침투하여 색소를 첨가시킨다.

· **호일링**(Foiling)

모발 스트랜드를 호일에 놓고 탈색제나 염모제를 도포한 다음 감싸주어 모발을 탈색하거나 염색하는 방법으로 하이라이팅 또는 로우라이팅에 많이 사용한다. 주변의 모발에 탈색제나 염모제가 묻지 않도록 할 경우에도 사용된다.

· **활성제**(Activator)

탈색제와 함께 사용되는 첨가제, 촉진제 또는 촉매로서 탈색의 속도를 빠르게 한다.

· **활성제**(Catalyst)

모발 염 탈색시 사용되는 산화제로서 일반적으로 볼륨이 낮은 과산화수소수이다.

· **혈관**(Blood vesel)

두피에서 혈관은 모유두를 매개로 하여 모모세포에 영양분을 운반하여 모발이 성장되도록 한다.

· **휠러 색상**(Filler)
바탕색상의 부족한 색소를 채워 주기 위한 색상. 원하는 색상보다 1레벨 어두운 칼라나 같은 칼라의 따뜻한 색조

· **흡수성모**
수분을 흡수하는 정도에 따라 손상도를 측정할 수 있다.

· **α-헬릭스**(α-Helix)
모발 섬유를 구성하는 가장 작은 단위로 황결합, 수소결합, 염결합으로 연결하며 복잡한 구조에 응집력을 갖게 한다.

· accent color(**강조색**)
영구적 · 반영구적 · 일시적 머리염모제에 첨가할 수 있는 농축된 염색제로서 염색제의 색을 짙게 하거나 엷게 만드는 것이다.

· acid(**산**)
pH 등급에서 70 이하의 pH를 나타내는 수용액

· activator(**활성산**)
화학품의 작용이나 진행을 촉진시키는데 쓰이는 첨가물, 효능촉진제(booster), 촉진제(accelelator), 또는 촉매(catalyst)의 다른말

· alkaline(**알카리**)
pH 등급에서 70 이상의 pH를 나타내는 수용액 산(acid)의 반대말

· allergy(**알러지**)
어떤 음식물이나 화학물에 굉장히 민감하여 나타나는 반응

· allergy test(**알러지 반응검사**)
민감한 정도 또는 그 가능성을 판단하기 위한 검사 패치테스트(patch test), predisposition test 또는 피부검사(skin test)라고도 한다.

· amino-acid(**아미노산**)
단백질을 합성하기 위해 신체가 사용하는 분자 그룹 22가지 다른 아미노산이 단백질의 구조단위로 쓰이며 살아있는 단백질 안에서 찾아낼 수 있게 된다.

· ammonia(**암모니아**)
수소와 질소로 구성된 무색의 매운 가스(gas)이다. 수용액으로는 암모니아수라고 불리운다. 모발염색에서는 큐티클을 부풀게 하는데 쓰인다. 과산화수소와 섞었을 때는 멜라닌에 산화과정을 활성화하여 멜라닌이 탈색되게 한다.

· **ammonium hydroxide(수산화암모니아)**
암모니아를 물에 용해한 알카리성 용액으로서 모발염색제, 탈색제에 널리 사용된다.

· **analysis(hair) (분석)**
머리결의 상태와 자연색을 판단하기 위하여 모발을 잘 살펴보는 것(consultation 참고condition 상태)

· **ash(재색)**
초록색, 푸른색, 보라색이나 회색에 의해 지배되는 토온(tone)이나 쉐이드(shade) 원하지 않는 따뜻한 토온(tone)을 없애기 위해 사용할 수 있다.

· **blending(블랜딩)**
한가지 염료나 토온(tone)을 다른것과 합하는 것

· **blonding(브론드화)**
머리를 탈색시키는데 쓰이는 용어

· **bonds(연결고리)**
분자를 만들기 위해 원자들끼리 연결하는 데 쓰이는 것

· **booster(효능촉진제)**
activator 참고

· **brassy tone(놋쇠 토온)**
빨간색, 오렌지색 혹은 금색 토온이 모발색에 있을 경우

· **breakage(손상)**
머리결이 갈라지고 부스러지는 상태

· **build-up(빌드 업)**
머리카락에 반복하여 코팅을 하는 것

· **catalyst(촉매)**
화학반응의 속도를 변화시키는데에 쓰이는 물질

· **caustic(부식제)**
굉장히 알카리성이 강한 재료 pH 수준이 매우 높을 경우, 화학작용에 의해 단백질이나 세포조직을 태우거나 파괴할 수 있다.

· **certified color(공식인정된 염색제)**
순수도에 있어서 특정한 기준에 도달하고 있고 FDA에 의해 인정된 염색제

· cetyl alcohol(**세틸 알콜**)
연화제로 쓰이는 지방성 알콜 certified 유제계통의 안정제로도 쓰이고 모발 염색제와 크림 산화제에는 활성제로 쓰인다.

· chelating stabilizer(**안정제**)
금속이온을 고정시켜서 이들 이온이 작용하지 못하게 하는 분자

· chemical change
한물질의 화학적 구성을 변화시키는 것

· citric acid
감귤류에 속하는 과일에서 추출된 유기산(organic acid)이며 pH 조절을 위해 쓰인다. 산-알칼리 균형을 조절하기에 일차적으로 쓰인다. 산화방지제와 방부제의 성질을 약간 띤다. 의학적으로는 수렴제로 쓰인다.

· coating(**코팅**)
머리카락 바깥에 남겨진 침전물

· color(**컬러**)
빛에 의한 시각적 감각

· color base
어느 특정한 모발색의 바람을 이루는 염료의 혼합

· color lift(**색의 탈색**)
어떤 물질에 의해 탈색되었을때 자연색소이건 인공색소이건 거치게 되는 변화

· color mixing(**색의 혼합**)
원하는 색을 위하여 두가지 이상의 색소를 섞는 것

· color refresher
모발에 색상을 고르게 나타나게 하기 위하여 모발의 중간부분이나 끝부분에 염색을 사용하는 것
자연색을 돋보이게 하기 위해 shampoo-in 방법을 사용하여 염색하는 것

· color remover(**염색제거제**)
모발에서 인공색소를 제거하기 위해 고안된 제품

· color test(**염색 테스트**)
염색하거나 탈색하는 동안 염색산화의 진행을 지켜보기 위하여 모발 한가닥에서 제품을 제거해 가는 과정

· color wheel(**색상환**)
기본색, 등화색, 중간색을 순서에 따라 배열해 놓는 것 색을 만드는 데에 쓰이는 도구이다.

· complementary colors(**보색**)
색상환에서 기본색과 등화색이 서로 마주보게 위치하고 있는 것. 이 두가지 색을 혼합할 경우 중립색이 나온다.
혼합은 다음과 같이 한다. 파랑/오렌지색, 빨강/녹색, 노랑/보라색

· condition(**상태**)
모발의 상태, 탄력성(elasticity), 힘(strength), 결의 조직(texture), 다공성(porosity)

· consultation(**상담**)
원하는 결과를 결정짓기 위하여 손님과 대화로 하는 케뮤니케이션

· cool tones
ash 참고

· corrective coloring(**수정염색제**)
원하지 않는 염색을 수정하는 과정

· cortex(**모피질**)
머리의 두번째 겹, 멜라닌 색소가 들어있는 섬유성 프로테인으로 되어 있는 모발섬유질의 속

· coverage(**적용범위**)
한 염색제가 회색, 흰색 또는 다른색의 모발을 염색할 수 있는 능력을 언급할때 쓰는 것

· cuticle(**모표피**)
모발 섬유질을 감싸고 있는 투명한 바깥 단백질겹

· cysteic acid
모발 섬유질에 있는 화학물질로서 이황화물 연결고리(cystine)에 과산화수소가 상호작용하여 생산된 것이다.

· cysteine
이황화 아미노산으로서 프로테인 체인(protein chain)을 연결시켜 준다.

· D & C colors
약품과 화장품에 사용하는 것을 FDA에서 인정한 종목에서 선택한 염색제

· decolorize(**탈색하다**)
모발에서 자연염색소나 인공염색제를 탈색시키는 과정을 요하는 화학과정

· degree(**정도**)
측정의 다양한 단위를 묘사하기 위해 쓰이는 용어

· deposit(**침전제**)
모발에 염색 색소를 더해줄 수 있는 능력으로 염색제품을 묘사한 것이다. 염색제를 더한다는 것은 침전물이 생긴것과 같다.

· deposit only color(**색만을 침전시킴**)
영구적 염색제와 반영구적 염색제 중간에 분류되는 염색제품이다. 염색만을 목적으로 하고 탈색(lift)을 하지 않도록 고안되어 있다. 산화성 염료(oxidation dyes)를 함유하고 낮은 농도의 산화제(low volume developer)가 사용되었다.

· depth(**깊이**)
어떤 특정 모발염색제의 밝기 혹은 어둡기

· developer(**산화제**)
염색제와 화학적 반응을 일으켜서 색분자를 산화하고 자연모발색에 변화를 일으키는 산화제(대개는 과산화수소가 쓰인다)

· development time(oxidation period) (**산화시간**)
영구적 염색제나 탈색제가 완전히 산화되기 위해 필요로 하는 시간

· direct dye(**직접적인 염료**)
이미 생성된 색으로서 산화가 필요없이 직접 섬유질을 염색시키는 것

· discoloration(**변색**)
화학반응을 통해 원하지 않는 색조가 산화되었을 때

· double process(**이중과정**)
두개의 별개 절차를 요하는 기술로서 침전될 색이 사용되기 전에 탈색제로 모발을 탈색시키는 것이 필요한 것

· drab(**칙칙한**)
붉은색이나 금색이 함유되어 있지 않은 모발색의 색조를 묘사할때 쓰는 용어(ash, dull 참고)

· drabber
붉은색 또는 금색 하이라이트를 감소시키기 위해 사용되는 고농도의 염색

· dull(**흐릿한**)
모발이나 모발염색제에 광택이 없는 것을 묘사할 때 쓰는 말

· **dye(염료)**
인공색소

· **dye intermediate(염료매개체)**
산화제(과산화수소)와의 반응이 있은 후에야 색으로 산화되는 재료 산화성 염료라고도 알려져 있다.

· **dye solvents or dye remover(염료용액 또는 염료제거제)**
color remover 참고

· **elasticity(탄력성)**
모발가닥이 늘어났다가 끊어지지 않고 제자리로 되돌아올 수 있는 능력

· **enzyme(효소)**
살아있는 세포안에서 발견되는 것이며 화학적 절차를 시작시키는 단백질 분자

· **fade(퇴색하다)**
불, 물, 흙, 바람이나 다른 요소에 노출되어 색을 잃는 것

· **formulas**
두가지 이상의 재료의 혼합물

· **fillers**
① color refresher로 쓰이거나 모발염색을 준비하기 위해 손상된 머리를 복원시키는 것
② 염색소의 공백을 메꾸기 위해 쓰이는 액체같은 물질(color refresher 참고)

· **formulate**
두가지, 그 이상의 재료의 혼합이나 균형을 만들어내는 혼합 기술

· **gray hair**
자연색소의 양이 점차 줄어가는 머리, 자연색소가 하나도 없는 머리는 실제로 하얗다. 흰머리도 아직 색소가 남아있는 머리와 섞여있을 때 회색으로 보인다.

· **hair(모발)**
두부나 신체의 피부에서 나온 가는 실같은 생성물

· **hair root(모근)**
두부 표피밑에 모낭(follicle)안에 들어있는 머리카락 부분

· **hair shaft(모간)**
가시적인 머리의 한 가닥 3층으로 이루어졌는데 맨바깥층은 모표피(cuticle)라 부르고, 맨 안쪽

층은 모수질(medulla), 가운데층은 모피질(cortex)이라 부른다. 이 모피질에서 색의 변화가 일어난다.

· **hard water(경수)**
불순물로서 무기질과 금속물이 들어있는 물

· **henna(헤너)**
빨간색의 밝은 색조를 내는 식물에서 추출된 염료, 헤너는 머리카락에 침투하고 코팅을 함으로써 영구적인 염색을 한다.

· **high lift tinting**
단일 염색처리과정에서 탈색작용은 높은 등급으로 하고 염색제의 침전은 최소량이 되게 하는 것

· **highlighting(하이라이팅)**
모발의 밝기를 더해주기 위해 보다 밝은 색을 선택된 작은 부분에 염색하는 것 일반적으로 자연색과는 큰 대조를 이루지 않는다.

· **hydrogen peroxide(과산화수소)**
수소원자 2개와 산소원자 2개로 이루어진 산화성 화학품으로서 영구적 모발염색과 탈색을 돕는데 쓰인다. 산화제라고도 불리며 액체나 크림 형태로도 찾아볼 수 있다.

· **level(등급)**
측정단위로서 토온을 제외한 색의 밝기나 어둡기를 감정하기 위해 쓰이는 것

· **level system**
모발염색에서 미용사들이 머리색의 밝기 또는 어둡기를 분석하는데 사용하는 방법

· **lift(탈색)**
모발염색제나 탈색제품의 작용에 의해 모발의 자연색소들이 탈색되는 것

· **lightener(탈색제)**
모발의 자연색소를 분해시키고, 용해하여 표백하는 모발을 탈색시키는 화학혼합물이다.

· **live of demarcation(구분선)**
모발가닥에서 두가지 색이 눈에 뛰게 차이를 나타내는 것

· **litmus paper(리트머스 종이)**
화학약품으로 처리된 종이로서 약품의 산성 또는 알카리성을 검사하기 위한 것

· **medulla(모수질)**
모발의 중앙조직 이것의 실제적인 역할에 대해서는 거의 알려진 것이 없다.

· melanin(**멜라닌**)
모피질에 있으며 자연의 모발색을 만들어내는 조그마한 색소 알갱이

· melanocytes
모구(hair bulb)에 있는 세포에서 멜라닌을 만들어낸다.

· melanoprotein(**멜라노 프로테인**)
멜라노좀을 둘러싸고 있는 단백질 코팅

· melanosome(**멜라노좀**)
멜라닌을 함유하고 있는 프로틴으로 코팅된 작은 알갱이

· metallic dyes(**금속성 염료**)
납, 은과 같은 수용성 금속염이 점차적인 코팅(build-up)과 공기에 노출됨으로 머리를 염색하는 염료

· modifier
영구적 모발 염색제의 성분으로 발견할 수 있는 화학물질 그 역할은 염료 매개체를 변화시키는 것이다.

· molecule(**분자**)
두개 이상의 원자가 합한 것 화합물의 가장 작은 단위이다.

· neutral(**중성**)
① 차거운색과 따뜻한 색의 균형을 이룬색으로서 기본색이건 등화색이건 하아라이트를 보이지 않는다.
② pH가 7을 가리킬때

· neutralization(**중성화**)
어떤 작용물이나 색의 작용을 평형시키거나 취소하는 과정

· neutralize(**중성화하다**)
중성으로 만들다 작용이나 영향을 평형시키다.

· new growth(**새로 자람**)
예전에 화학약품으로 처리한 모발과 두피 사이에 있는 모발의 부분

· off the scalp lightener
일반적으로 강한 탈색제로서 두피에 직접 닿지 않게 하고 사용하는 것. 대개 파우더 형태로 쓰임

· opague(**불투명**)
빛이 통과하지 못하는

· outgrowth(**성장**)
new growth 보기

· overlap(**겹침, 중복**)
염색제나 탈색제의 사용이 모발에 겹쳐서 시술될 때

· over-porosity(**과도한 기공성**)
트리트먼트를 할 정도로 모발 다공성이 심한 상태

· oxidation(**산화**)
① 모발염색 산화제에 있는 과산화수소와 염료 매개체와의 반응
② 자연색소와 과산화수소와의 상호작용

· oxidative hair color(**산화성 모발염색제**)
영구적 염색을 산화할 과산화수소를 요하는 산화성 염료를 함유하고 있는 제품

· para tint
산화성 염료로부터 만든 염색제

· para-phenylenediamine
대개 PPD라는 약자로 쓰이며 영구적 모발염색제 거의 대부분에 사용된 산화성 염료

· patch-test(**알러지반응검사**)
FDA에 의해 요구되는 검사 알러지 가능성(과민감성) 여부를 가리기 위해 소량의 염색제 조제물을 팔이나 귀 뒤의 피부에 발라서 검사 prediposition 또는 skin test라고도 부른다.

· penetrating color(**침투색**)
모발의 2번째층인 모피질(cortex)에 들어가는(침투하는) 색

· permanent color(**영구적 염색제**)
① 샴푸를 사용해도 없어지지 않은 모발염색제품
② 산화제가 섞여 있는 모발염색제 분류에 속하는 것 모발의 색을 영구적으로 변화시킨다.

· peroxide(**과산화음**)
hydrogen peroxide 보기

· peroxide residue(**과산화물 잔재**)
탈색제나 염색제로 시술한 후 모발에 남아있는 과산화물의 흔적

· persulfate(과황산염)
모발염색에 있어서 촉진제에서 널리 쓰이는 화학성분, 탈색절차의 속도를 증가시킨다.

· pH
산 · 알카리의 강도를 나타내는 기호 pH 7은 순수한 물을 가리키는 중성을 가리킨다. pH 7보다 작은 지수는 산성을 가리키고 pH 7보다 높은 지수는 알카리성을 나타낸다. 피부는 약산성이고 일반적으로 pH 범위가 45~55에 이른다.

· pH눈금(pH scale)
산성단위와 알카리성 단위를 나타내는데 사용되는 로그눈금

· pH용지(nitrazine paper)
4.5~7.5 범위에 해당하는 제품이나 물질의 pH를 테스트하기 위해서 사용하는 화학적으로 처리된 용지 산성용액은 이용지의 밝은 노랑색을 변화시키지 않는다. 알카리성 용액은 용지를 청색이나 자주색으로 변화시킨다.

· pH scale
산성이나 알카리성의 정도를 묘사하기 위해 쓰이는 숫자로 나타낸 척도이며 0(강산성)에서 14(강알카리)까지 있다.

· pigment(색소)
색을 내는데 쓰이는 물질이나 물체, 자연이나 인공모발 염색제

· porosity(다공성)
물이나 다른 액체를 흡수할 수 있는 모발의 능력

· powder lightener(파우더 탈색제)
off the scalp lightenr 보기

· pre-bleaching
pre-lighten 보기

· predisposition test
patch test 보기

· pre-lighten
일반적으로 이중절차 염색의 첫단계로 자연색소를 탈색하거나 밝게 하기 위해 쓰인다.

· pre-soften
흰머리나 매우 강한 모발을 처리하여 색의 침투가 보다 용이하게 되도록 하는 절차

· primary colors(**기본색**)
기본적인 색으로서 다른 색을 섞어서 만들어낼 수 없는 색이나 색소, 빨강, 노랑, 파랑이 기본색이다.

· prism(**프리즘 분광기**)
흰빛을 스펙트럼인 구성색들로 분리시켜주는 투명한 유리나 크리스탈 고체

· processing time(**절차진행시간**)
모발에 화학처리가 반응을 일으키는데 요하는 시간

· progressive dyes or progressive dye system
① 매번 사용할 때마다 증가하는 흡수율을 보이는 염색방법
② 과정이 진행되는 동안 일정한 시간동안 흡수가 증가하거나 색이 짙어지는 염색제품

· regrowth(**재성장**)
new growth 보기

· resistant hair
습기나 화학용액의 흡수가 어려운 모발

· retouch
새로 자란 모발에 염색제나 탈색제를 사용하는 것

· salt and pepper
검정색과 회색, 또는 흰색의 혼합을 묘사하는 용어

· secondary color(**등화색, 2차색**)
두가지 기본색을 같은 양으로 섞을때 얻어지는 색, 초록, 오렌지색 그리고 보라색은 등화색이다.

· semi-permanent hair coloring(**반영구적 모발염색**)
샴푸를 몇번 사용하는 동안 지속되는 모발염색, 모발에 침투하여 큐티클층을 물들이고는 매번 샴푸할 때마다 천천히 색이 빠져나간다.

· sensitivity(**민감성**)
어떤 특정한 화학품에 대해 강한 반응을 보이는 피부, 피부가 빨개지거나 화학품을 사용한 직후 염증을 일으킨다. 그 화학물질을 제거하면 그 반응은 사라진다.

· shade
① 어떤 특정한 색을 묘사하기 위해 쓰인 용어
② 두가지 색 사이의 가시적인 차이

· sheen
모발이 윤이나고, 광택이 있거나 빛을 반사시키는 능력

· single-process color(**단일과정 염색제**)
한번에 색을 탈색 또는 밝게하면서 색을 침전시키는 산화성 염색용액을 일컫는다.

· softening agent
염색처리 이전에 다공성을 증가시키고 모발의 큐티클층을 부풀게하고 색의 흡수를 증가시키기 위해 사용하는 약알카리성 약품, 산화제와 섞지 않은 염료가 자주 사용된다(pre-soften 보기)

· solution(**용액**)
액체 매개에 용해한 고체, 액체 또는 기체물질의 혼합물

· solvent(**용매**).
다른 성분들을 용해시킬 수 있는 매개액체

· specialist(**전문가**)
어떤 직업이나 과목의 한 분야에만 집중하는 사람

· spectrum(**분광 스펙트럼**)
프리즘을 통해 흰빛이 통과함으로 파장의 순서대로 회절되고 배열된 색밴드(color band)의 일렬, 빨간색(가시적인 파동중 가장 긴것)에 의한 색에서 보라색(가장 짧은 파동에 의한 색)까지 계속 나타난다 빨강, 주황, 노랑, 초록, 파랑, 남색, 보라

· spot lightening
보다 어두운 지역을 밝게 하기 위해 탈색제를 사용하는 수정 염색제

· stabilizer(**안정제**)
어떤 제품의 수명, 모양과 기능을 계속 연장시켜 주는 성분에 대한 일반적인 이름

· stage
탈색되어 가는 도중 자연의 모발색이 가시적인 색의 변화를 보일때 이를 묘사하는데 쓰이는 용어

· stain remover(**얼룩제거제**)
염료 얼룩을 피부에서 지우기 위해 쓰이는 화학물질

· strand test
시술전에 하는 검사로서 산화시간, 염색결과 그리고 얼만큼 모발이 화학물질의 영향을 견뎌내는가를 알아보기 위한 검사이다.

· stripping
color remover 보기

· tablespoon(**큰숟가락**)
1/2온스, 티스푼 3술, 15ml

· teaspoon(**작은 숟가락**)
1/6온스, 큰숟가락 1/3술, 5ml

· temporary coloring or temporary rinses
(일시염색제 또는 일시적 린스제)

· terminology(**용어집**)
과학, 예술 또는 산업에서 쓰이는 특별 단어나 용어

· tertiary colors(**3차색**)
색상환에서 기본색과 이에 근접한 등화색 하나를 섞은 것. 연두색, 청록, 남색, 자주, 다홍, 귤색

· texture hair(**모발의 결**)
모발 한가닥의 지름, 이들은 굵다, 중간이다, 가늘다라고 구분한다.

· tint(**염료**)
한 과정내에서 색을 탈색하고 또 침전시킬 수 있는 영구적인 산화성 모발염색제

· tint black
모발색을 원래 또는 자연색으로 되돌리는 것

· tone(**토온**)
색의 따뜻함 또는 차가움을 묘사하는 용어

· toner(**토너**)
pre-lightening을 한후에 쓰는 파스텔색상

· toning
최종결과를 수정하기 위해 색을 더하는 것

· translucent(**투명한**)
발산된 빛을 통과하게 하는 성질

· tyrosinase
아미노산(티로신)과 반응하여 모발에 있는 자연의 멜라닌을 형성하는 효소(티로나이즈)

· tyrosine(**티로신**)
효소(티로나이즈)와 반응하여 모발에 있는 자연의 멜라닌을 형성하는 단백질(티로신)

· vegetable color
식물에서 추출된 색상

· viscosity(**점질**)
용액의 조밀, 농도를 표현하는 용어

· volume
수용액에 용해된 과산화수소의 농도 수용액 volume당 방출되는 산소의 부피로 표현된다. 과산화 20 volume은 용액의 1 pint(liter)당 20pint(94 liter)를 방출한다.

· warm(**따뜻한**)
붉은색, 주황색, 노란색 또는 금색 토온을 함유한 것

찾아보기

「ㅈ」

「ㅊ」

「ㅋ」

「ㅌ」

「ㅍ」

「ㅎ」

「A」

「B」

「C」

「D」

「E」

Art of Hair Color

2005년 3월 20일 초판발행
2009년 3월 10일 2판발행
2017년 8월 30일 2판2쇄발행

지은이 / 곽형심 · 김세욱 · 송희라
유유정 · 이대천 · 전효은
펴낸이 / 이상태
펴낸곳 / 청구문화사
주 소 / (03706) 서울특별시 서대문구 성산로11길 15
전 화 / 02) 332-0541(代) 팩 스 / 02) 337-9577
등 록 / 1990년 11월 2일 제9-247호

가격 25,000원

ISBN 978-89-5616-299-7 93590